国学百科

科技制作

总主编 韩品玉

本书编著 张 洁

山东城市出版传媒集团·济南出版社

图书在版编目（CIP）数据

科技制作 / 韩品玉主编. —济南：济南出版社，
2021.5（2024.6重印）
（国学百科）
ISBN 978-7-5488-4683-3

Ⅰ.①科… Ⅱ.①韩… Ⅲ.①科学技术—技术史—中
国—古代 Ⅳ.①N092

中国版本图书馆CIP数据核字（2021）第093781号

出 版 人	崔　刚
丛书策划	冀瑞雪
责任编辑	冀瑞雪　张子涵
装帧设计	侯文英　谭　正

出版发行	济南出版社
地　　址	山东省济南市二环南路1号（250002）
编辑热线	0531-86131747（编辑室）
发行热线	82709072　86131701　86131729　82924885（发行部）
印　　刷	山东潍坊新华印务有限责任公司
版　　次	2021年6月第1版
印　　次	2024年6月第2次印刷
成品尺寸	150 mm×230 mm　16开
印　　张	9
字　　数	140千
印　　数	5001—9000册
定　　价	39.00元

（济南版图书，如有印装错误，请与出版社联系调换。联系电话：0531-86131736）

编 委 会

总　序

　　中华优秀传统文化是民族智慧的结晶，其价值历时而不衰，经久而弥新。对处于学习、成长关键期的青少年来说，优秀的传统文化不仅可以帮助他们汲取知识、开启智慧，而且能提升他们的核心素养，促其全面、健康地成长。因此，加强中小学阶段的优秀传统文化教育，是当前我国教育事业的重要任务。

　　这项任务的重要性和紧迫性，鲜明地体现在中小学的教学工作中。随着部编本中小学教材在全国的铺开，传统文化内容的比重大幅度提升。面对传统文化内容的激增，许多教师、学生和家长颇感迷茫，不知如何应对。正是在这一形势之下，《国学百科》适时推出。

　　这套书包括九册：《儒家先哲》《诸子学说》《文学殿堂》《艺术之林》《科技制作》《史地撷英》《人生仪礼》《岁时节令》《衣食文化》。其使用对象，主要是中小学生。

一、本书的特点

　　——教材内容的关联性

　　众所周知，传统文化体系庞大、内容繁杂。《国学百科》该怎么选取编纂的基点呢？编写组对全日制中小学教材所涉传统文化内容进行了周详的研判，确定了一项基本编纂原则：丛书所涉知识点要与中小学相关课程有关联。这里所说的"知识点"，体现在丛书各册林林总总的条目上。这些知识点是对教材既有知识的一种打通；难度呢，定位于与教材相当或稍高。如此，便形成了以相应学段和年级的课本内容为中心，渐次向外辐射的知识分布格局。

——学科覆盖的全面性

通观本丛书各册书名，有的明显对应某门课程，如《文学殿堂》对应语文，《史地撷英》对应历史、地理，《艺术之林》对应艺术课。还有些书目，表面上看来与现有课程并不挂钩，实际上关系非常密切。《儒家先哲》《诸子学说》分别从人物和学说的角度切入传统文化的内核，《人生仪礼》正面呈现传统文化"礼"的重要内容，《科技制作》《岁时节令》《衣食文化》分别从传统科技、节日和衣食的维度来讲述传统文化的某一侧面。总体而言，这套书由中小学课程涉及的知识点生发开来，基本形成了全面、完整的传统文化知识体系。

——科学健康的引导性

对中华优秀传统文化的学习，不应只停留在知识的层面，而应通过学习，将知识转化为内在的修养和外在的行动，转化为正确看待问题、解决问题的能力，实现个人的健康成长和全面发展。本丛书以此为理念，在编写中融入科学精神和人文情怀，以潜移默化地引导青少年读者。如翻开《儒家先哲》一书，我们可以看到，古代那些伟大的圣贤，往往不是崇尚空谈的理论派，而是"知行合一""经世致用"的实干家。他们身上所体现的科学精神、创新精神、实干精神，对于提升中小学生的核心素养，引导其健康成长、全面发展，具有积极的作用。

二、本书的价值

——助力获取各门课程的传统文化知识

如前所讲，中小学德育、语文、历史、艺术等课程都大幅增加了传统文化的内容。使用此书，便可帮助学生扫除相关学科的学习障碍。比如学习语文课时，配合使用《文学殿堂》一书，无论寻找人物生平还是查阅作品概览，都极为便利。将课上所学知识与本丛书所讲知识相互印证，还可帮助学生触类旁通。比如学生在学习外语课时遇到了"父亲节"的知识，翻开《岁时节令》一读，也许会"哇"的一声，因它可能会颠覆学生对"父亲节"只在西方的认知，使他们了解到中国曾有自己的"父亲节"。

——利于形成全面的传统文化知识体系

如今的中小学教育，除在各门课程中增加传统文化的比重外，还设置了专门的传统文化课程。这些课程的教材有的侧重于经典诵读，有的分述某一传统文化类型。我们认为除此之外，还应引导学生建立全面的传统文化知识体系。这有助于培养他们认识、理解传统文化的宏观视野。这套涉及传统文化方方面面的《国学百科》，便可作为现有传统文化教材的补充，为中小学生全面、系统地学习传统文化搭建一个台阶。

——积极引导青少年读者的全面发展

学习此书，可突破应考的瓶颈，从为人生打底子的高度，助力读者在获取知识的同时，走上全面、健康的成长之路。《儒家先哲》《诸子学说》中圣贤的伟大人格、动人事迹和高深智慧，将对青少年的品德修养和能力培养产生积极的影响。《科技制作》在普及我国古代科学知识的同时，将创新精神和工匠精神贯穿其中。《人生仪礼》

在对人生重要仪礼的介绍中，渗透对生命和亲情的赞美，以此来引导青少年树立正确的世界观、人生观、价值观；全书坚持以现代科学的眼光，辩证地讲解传统仪礼和习俗，以培养青少年的辩证思维能力。《文学殿堂》《艺术之林》有助于青少年感受真善美，培养审美能力。《史地撷英》《岁时节令》《衣食文化》通过对祖国历史、地理、传统节日和传统衣食相关知识的讲解，激发青少年的民族自豪感、国家荣誉感和文化归属感。

　　《国学百科》可丰富传统文化知识，全面提升人文素养，一旦开卷，终身有益！

韩品玉

2020年冬月于泉城吟月斋

目录

前　言

在人类历史的进程中，科技制作是一种不可缺少的动力，是促使人类有意识地认识和改造自然的活动。从发明之光、科技之幻中，这种改造自然的活动就已经开始；医学之花让我们生生不息延绵；天文历法之奇使神妙奇幻的星空不再神秘；数学之奥让人们变得更踏实精微；建筑之美尽显高雅的文化品位和厚重的历史底蕴；农具之用、手工业之妙、军事之强向世人展现了中国古代劳动人民的智慧。制作在科技领域划下了一道漫长曲折而又执着向前的轨迹。

科技的发明虽然枯燥繁杂充满艰辛，但成果给我们后世带来了巨大的便利。如轮子的发明大大减轻了交通运输的负担，也推动着交通运输方式的不断变革。今天，我们不仅可以借助各种交通运输工具在陆地上驰骋，而且能随心所欲地潜入海底，翱翔蓝天。科技无时无刻不在改变着人类的世界观和认知，它的发展有时来自于偶然，但更多来自于科学家们夜以继日的辛勤努力。

正因为科技制作中有着如此精彩的故事，才有了编写此书的动机。编者从广袤的古代科技中精选了百余个具有代表性的科技制作故事，尽可能用生动有趣的语言来讲述中国古代科技历史上最重要的发明、发现及制作的故事。不仅使乏味的科技内容变得亲切而随和，贴近了读者们的阅读心理，而且一个个小故事尽显了古代科学家、发明家等对科技研究的执着精神，以及对前人经验的继承和创新精神。这些故事展示的科技知识，既有利于我们更清晰地认识宇宙、自然、万物及本身，又有益于我们形成科学的理性思维。

编者希望这本书能成为喜爱科技制作朋友的良师益友，因为在这个微缩的科技制作世界里蕴藏着一个奥妙无限的科学大世界。

国学百科·科技制作

2020年冬月

一　发明之光

1. 陶甑（zèng）的问世

生活在距今约7000年前的河姆渡原始居民，以种植水稻为主，兼营渔猎、饲养家畜，这极大地丰富了先民的食物来源。香喷喷的白米饭，漫山遍野的野菜、野果，品种不一的鸟蛋，味道鲜美的鱼肉等，都成为河姆渡先民的美味佳肴。那时的人们是如何做出白米饭的？下面就让我们一起揭开历史之谜。

先民认识到火可以利用以后，发现用火烧过的食物特别容易咀嚼，味

河姆渡陶甑

道也很鲜美，所以烧烤食物成为他们主要的饮食方法之一。这种方法简单可行，不需要任何蒸煮器皿。随着人类的不断进化和农业的发展，河姆渡先民在饮食方面有了更高的要求，这促使他们不断发明和改进蒸煮工具。

河姆渡原始居民最初只能用烧烤或水煮的方式食用稻粒。遇上灾害性天气，造成稻米歉收，人们食不果腹，就用橡子作为食物的补充来源。橡子涩味极重，口感极差，人们实在难以下咽，只有想办法先去掉橡子的涩味再食用。在实践中，河姆渡原始居民发现，如果先将橡子磨成粉，然后放在陶盆或陶罐内用水浸泡数日，再拿出来食用基

本就可以了。可问题是橡子粉既不能像米饭一样放在釜内加水煮，又不能像兽肉那样在火上烧烤，最好的办法就是隔水蒸煮，于是中国最早的蒸食器皿——陶甑就这样出现了。

陶甑的形状与陶盆相似，只是在平底上钻了许多蜂窝状的圆孔，孔径约1厘米，外壁上有一对半环耳，便于搬动。陶甑是不能单独使用的，要和陶釜一起使用。人们先在陶釜内加上水，然后放上陶甑，陶甑上盖上盖，然后在釜下烧火。陶釜内的水烧开后，大量的蒸气透过陶甑底部的圆孔就可以将食物蒸熟了。这也是远古人类对蒸气的最早利用。这种底部带小孔的陶盆，后来演变成蒸笼。

河姆渡原始居民在不断的尝试中发现，把大米放在陶甑里蒸熟了吃，不仅香甜，而且能增加食欲，使自身的体质变强。于是白米饭就成了当时河姆渡原始居民宴席上的美食。用蒸的方法制作熟食，是我们祖先对人类的一大贡献。

2. 指南车的发明

你知道指南车是怎样发明的吗？这要从几千年前黄帝战蚩尤的传说说起。

蚩尤是上古时代九黎族的首领，曾和炎帝族发生冲突。为了战胜蚩尤，炎帝只好向黄帝求救。后来，炎帝说服了黄帝，两个部落结成联盟。据说黄帝和蚩尤打了3年仗，前后交锋72次，结果没有一次获胜。后来双方在一次大战中，蚩尤眼看就要失败了，他赶忙请来风伯、雨师助阵，二人呼风唤雨，给黄帝军队的进攻造成极大困难。此时的黄帝急中生智，忙请来一位名叫魃（bá）的女神，施展法术，才制止了狂风暴雨。不甘失败而又诡计多端的蚩尤又制造了大雾，霎时弥漫四野，黄帝及其军队被团团包围在大雾中。这时，黄帝十分着急，只好命令军队停止前进，并召集大臣前来商讨对策。深受黄帝信任的应龙、常先、大鸿等大臣都到齐了，就是不见风后的影子。黄帝非常担心，立即派人四下寻找，可是找了半天也没找到风后。天快黑了，黄帝更担心了，他决定亲自出去寻找风后。终于，黄帝在一辆战车上发现了呼呼大睡的风后，他走过去，揪住风后的耳朵气愤地说："快起来，大家都在担心你，你却在这里睡觉！"风后揉着惺忪的睡眼说："我哪里是在睡觉啊，我正在苦思冥想，如何能破蚩尤的法术。"说着，风后用手指着夜空继续说："您看天上的北斗星，斗虽转动，

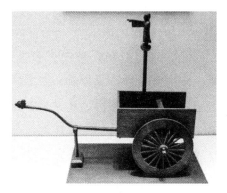

黄帝发明的指南车

但柄不动。臣下曾听人说过，伯高在采石炼铜的时候，发现了一种磁石，能将铁吸住，那么我们是不是可以根据北斗星的原理，用磁石制造一种能辨别方向的东西呢？我们如果有了这种东西，就再也不怕迷失方向了。"黄帝听后连声称赞道："好主意！好主意！"然后，他就命令大家一起动手来帮助风后。在大家的共同努力下，一个能指引方向的仪器终于诞生了。之后，风后又制作了一个假人，安装在一辆战车上，无论怎样旋转，假人伸手指着的方向都是南方，这个车就是指南车。有了指南车的引导，黄帝统率的军队终于冲破了重重迷雾，打败了蚩尤。这毕竟是传说，而真正有记载的指南车出现在西汉《西京杂记》中，其中汉代皇帝的御驾中就列有指南车。据历史记载，东汉时期杰出的科学家张衡也曾发明过指南车，可是制造方法失传了。三国时期，马钧又重新造出了指南车。这种车要用马拉着走，车上装有一个木头做的"仙人"，无论车子向哪个方向行驶，"仙人"总是面向南方，右手臂也指向南方。

指南车设计的关键在于对自动离合的齿轮系统的应用，这种轮系结构相当于现代机械结构中的差动齿轮系统。所以英国著名科学技术史专家李约瑟曾指出，中国古代的指南车"可以说是人类历史上迈向控制论机器的第一步"。指南车的发明充分体现了中国古代机械制造的高超水平，是中国古代力学在实际应用中的卓越成就。

3. 烧窑业的出现

你知道"china"的中文含义是什么吗？对，就是"瓷器"的意思。一件件瓷器，演绎着一个个故事。瓷器不仅出现在中国人的生活中，而且走出了国门，让世界各国更深刻地了解了中国。它代表着中国古代手工业发展的辉煌成就，不仅让中国人感到自豪，而且赢得了世界的尊敬。一件件精美瓷器的问世是离不开烧窑业的。

烧窑，泛指在一个人工搭建的建筑物里，通过生火加热至高温，使黏土烧制成型的过程。我们通常所说的烧窑就是指烧制陶器、瓷器等。传说女娲是烧窑业的始祖，后又说是太上老君（他在炼制丹药时发明的）。而据考古发掘资料表明，我国烧窑业已有1万多年的悠久历史。在黄河流域和长江流域许多新石器时代的遗址中，就出土了大量的陶器。陶器制作首先是以黏土为胎，经过手捏、轮制、模塑等方法加工成型后，再在800~1000℃的高温下焙烧成不同形状的物品，主要有灰陶、红陶、白陶、彩陶和黑陶等品种。烧制出来的陶器大都具有浓厚的生活气息和别具一格的艺术风味。陶器的发明是人类文明进步的重要里程碑，这是人类取自自然，利用自然，完全释放自己想象力的伟大创造。

烧窑

为了增强陶土的成型性和耐热急变性，烧窑业所需的原料要求很高，需要选择含铁量高、黏性适度、可塑性强的黏土，一般还要在黏土中加上高岭土、石英、长石、砂石粉末、草木灰等原料。原料配制后，还要进行粉碎，以减少其中的颗粒度，使坯泥更细腻，以提高成品率。之后人们还要对原料进行捏练和陈腐，以增强坯泥的可塑性。原料配制好后，接下来就是根据自己的需要制成各种器型，这就是待烧的坯体。等到坯体晾干后，才能入窑焙烧。如果要烧制彩陶，还需在焙烧前先上彩绘。这样彩绘就会固着在器物表面，不易脱落。秦始皇陵兵马俑即为彩绘陶，各个陶俑栩栩如生。在陕西西安半坡遗址中出土的人面鱼纹彩陶盆，制作非常精美，纹饰表现出浓厚的生活情趣。这说明在我国农耕时期，人们不仅有着丰富的想象力，而且制造彩陶的技术已日臻完善。另外，青海出土的舞蹈纹彩陶盆，生动地描绘了五人一组的集体舞场面，堪称是彩陶中的精品。

之后烧窑业技术不断发展改进，主要体现在烧制的燃料和火候上。东汉末年烧制青瓷的技艺逐渐成熟。南北朝时期烧制的白瓷又是烧窑业技术的一个重大突破。隋唐时期的烧制工艺更加成熟，制瓷业成为独立的生产部门。宋代出现了各具特色的地方瓷窑，有"五大名窑"，即官窑、汝窑、哥窑、定窑、钧窑，景德镇还成了著名的"瓷都"。元代进入彩瓷生产期，烧成了青花瓷和釉里红瓷，还创造了技术精良的斗彩和五彩瓷。清代出现了粉彩和珐琅彩。明清时期，景德镇是全国制瓷业的中心，当地所产的青花瓷造型多样，花纹优美，畅销海内外，成为世界各国了解中国的一大名片。

青海出土的舞蹈纹彩陶盆

4.中国最早的轮子

轮子是人类最古老、最重要的发明之一，也是人类文明进步的重要表现。中国历史上最早的轮子是谁发明的呢？

相传，大禹治水需要大量的石头、土袋等材料，每天完全靠人工搬运，很多人因为体力不支累趴下了。有一个叫奚仲的人，一直在想办法帮人们解决这个问题。他每天潜心研究，不分昼夜地忙于设计。功夫不负有心人，经过他呕心沥血地不断试验，第一个轮子问世了。很快他又做出了第二个轮子。然后他用两个轮子架起车轴，并将车轴固定在带辕的车架上，车架上附有车厢，用来盛放货物。就这样，人们利用轮子把物体从一个地方移动到另一个地方，世界上第一辆轮车终于产生了。可是它比较笨重，承重力也不够。后来奚仲又对车轮、车辕、车衡、车轭、车轴、车厢进行了改进，还定制了统一的尺寸和形状，进行标准化生产。奚仲还以中间是空心而且有辐条的车轮代替了常见的实心木柄车轮，使得车轮转动更加灵活，车子使用起来也更轻便了。大禹看后非常开心，拨给奚仲大量的材料和人力，让奚仲批量生产车辆。之后，大禹将其生产的全部车辆投入到治水第一线。奚仲设计和改进的车辆，无论在承重力还是在速度方面，都比人工搬运提升了很多，这样提高了治水的效率。

传说，大禹通过"禅让制"做了部落联盟首领后，奚仲又专门

为大禹精心制作了一辆舒适、气派的马车，用四匹马驾驭，作为大禹的专车。传说，当时马车也随之出现了，大大解放了人力；之后马车还出现在中原战场上，成为"战车"。后来，大禹的儿子启征讨有扈氏时，就是靠这种马拉的战车，打垮了有扈氏的军队，取得了最后的胜利。

古代战车车轮

最早的轮子是用光滑的圆木做成的。尽管轮子发明很早，使用轮子的马车也强烈地吸引着人们，可是人们用来建造使用轮子的机器，却花费了几个世纪的时间，而且在大约400年的时间里，轮子的基本形状一直是没有任何变化的。今天我们所能看到的飞轮、滑轮、龄轮等都是在早期轮子基础上发展而来的。有了轮子，机械世界里才有了转动运动。如飞机螺旋桨、蒸汽机旋轮，以及手表的游丝，之所以能连续转动，靠的就是轮子。所以轮子是中华民族的一项重要发明。

5. 熨斗

中国人自古以来就非常讲究服饰美。那么，如何让自己的衣服更平整呢？当然熨斗是功不可没的。大量的考古资料表明，中国是世界上最早发明和使用熨斗的国家。

古代熨斗

熨斗就是熨烫衣料的用具。关于这个名字的来历，我国古代文献中有两种解释：一是取象征北斗的意思。东汉的《说文解字》中解释："斗，象形有柄。"二是熨斗的外形如斗，所以人们把它称为"熨斗"，亦称"火斗""金斗"。现在人们使用的多是电熨斗，而古代的熨斗都不是用电的，使用前要先把烧红的木炭放在熨斗里，等熨斗底部被烫热之后才可使用，所以也叫"火斗"。古时人们使用熨斗时，为了防止手被烫伤，就在熨斗后部接口处嵌接着木柄。而"金斗"就是指做工非常精致的熨斗，只有贵族才能享用，一般平民是用不起的。

熨斗的历史可追溯到商代，大家自然会想到商纣王的"炮烙之刑"。在商代它确实是作为刑具而发明的，专门用于熨烫人的肌肤。而把熨斗用于熨衣服是从汉代才开始的。晋代的《杜预集》记载："药杵、澡盆、熨斗……皆民间之急用也。"这说明到了晋代，熨斗已成为民间的家庭用具了。从汉代到明代，几乎所有熨斗都是铜质的，都有着平滑的斗底，造型设计变化也不大，都是黑乎乎的，无盖，像一个水瓢。人们使用时先在熨斗内部放置燃烧的木炭，然后将熨斗放在要熨烫的衣服上，利用它的高温将衣服熨平整。随着浇铸技术的提高，直到清代熨斗的造型才有了巨大变化，变得特别美观、大气。20世纪二三十年代还出现了周身绘有珐琅彩的熨斗，并且加上了盖子，使用起来更科学、更安全、更环保。随着第二次工业革命的到来，电的使用广泛起来，1882年，美国的 H. W. 西利获得第一个电熨斗专利。

6. 秤的发明

你知道吗？秤是春秋时期的范蠡发明的。

范蠡不仅是春秋时期杰出的政治家、军事家，而且是中国古代商人的鼻祖。他曾经辅佐越王勾践卧薪尝胆，终于完成复国大业。他深知越王可以共患难，却不可以共安乐，于是他急流勇退，弃官从商。

相传范蠡曾在今山东定陶经商，他渐渐发现，人们在市场上买卖东西，没有一个衡量的标准，很难做到公平交易，人们经常为此打架，搞得市场上很不安定。他便有了创造一种测定货物重量工具的想法。

一天，一身布衣的范蠡从村中路过，忽然看见一位年迈的农夫正在从井中汲水，方法极其巧妙：他先在井边竖起一根高高的木桩，再将一根横木绑在木桩的顶端；横木的一头吊着木桶，另一头系上石块，使用时一上一下，很省力地就把水汲上来了。范蠡深受启发，苦苦困扰他的问题终于有解决的办法了。他急忙跑回家，关门闭户，开始研究。他先找来一根细而直的小木棍，并在上面钻了一个小孔，接着又在小孔上系了根麻绳，方便用手来掂量；他在细木棍的一头拴上一个吊盘，用来盛放要买卖的东西，在细木棍的另一头拴了一块鹅卵石。鹅卵石移动得离绳越远，表明能吊起的货物就越多。但一个新的问题又出现了，一头要挂多少货物，另一头的鹅卵石要移动多远，才能保持平衡呢？这就必须要在细木棍上刻出标记符号才行。那么要用什么东西来做标记呢？范蠡苦思冥想了几个月，烦心的问题还是没有解决。一天夜里，范蠡站在窗前沉思，一抬头看见了天上的星宿，突发灵感：不如就用南斗六星和北斗七星做标记吧！用一颗星代表一两重，十三颗星就代表一斤。从此，贸易市场上便有了一种统一计量的工具——秤，极大地方便了人们的生活。

秤

后来，范蠡在市场上又有了新发现，他看到有一些奸猾的商人卖东西时总是缺斤少两，影响了正常的公平交易，购物者常常被骗。这个问题一直困扰着范蠡。他想啊想啊，有一天他终于想出妙计，决定在南斗六星和北斗七星之外，再加上福、禄、寿三星，以十六两为一斤。他这样设计的目的就是告诫奸商：作为商人，必须光明正大，不能赚黑心钱。范蠡还说："经商者若欺人一两，则会失去福气；欺人二两，则后人永远得不了'俸禄'（做不了官）；欺人三两，则会折损'阳寿'（短命）！"

秤就这样诞生了，从此这种公平的计量工具便一代一代地流传下来，并沿用至今。秤的使用让人们的生活更加和谐美满。

7. 锯的发明

大家都知道，锯的发明者是鲁班。他是如何发明锯的呢？

鲁班生活在春秋末期到战国初期的鲁国，姓公输，名般。他的故里在今山东滕州，因为"般"和"班"同音，所以人们常称他为鲁班。他出身于世代工匠之家，从小就聪明好学，勤于观察，逐渐掌握了许多土木建筑的技能，积累了丰富的实践经验。

相传有一年，鲁国国君命令鲁班修建一座巨大的宫殿。距离动工还有15天，砖瓦石料都已准备齐全了，但还缺少300根梁柱。如果动工时木料准备不齐，按刑罚是要被处死的。由于当时还没有锯，砍树全靠斧子，一天下来工人个个筋疲力尽，也砍不了几棵，远远不能满足工程的需要。这下可把鲁班急坏了，他决定亲自上山去察看情况。上山的时候，鲁班突然脚下一滑，急忙伸手抓住路旁的一棵野草。他顿时觉得手很疼，抬手一看，长满老茧的手被划出一道很深的口子，鲜血直流。鲁班很惊奇，一片草叶为什么这么锋利呢？于是他摘下一片叶子细心观察，发现草叶边缘长着许多锋利的细齿。他一转身，又看见一只大蝗虫正飞快地把一片草叶吃下去。蝗虫为什么不惧怕这种草叶呢？鲁班好奇地捉了只蝗虫，仔细观察才发现原来蝗虫的两颗大板牙上排列着许多小细齿，蝗虫正是靠这些小细齿来咬断草叶的。鲁班看着小草的叶子和蝗虫的大板牙，茅塞顿开。他在山上找到了一条竹片，又在上面刻了一些像草叶和蝗虫板牙那样的锯齿，然后迫不及待地用它在小树上来回拉了起来。神奇的是，鲁班没几下就把树皮拉破了。再一用力，小树干就被划出了一道深沟。鲁班开心极了，又在身旁的一棵大树上来回拉起来，可是没过一会儿他就发现竹片上的锯齿不是钝了，就是断了，要想不间断伐树，就必须随时更换竹片，这样不仅会造成巨大浪费，而且会影响伐树的速度，耽误工程的进度。鲁班又陷入了沉思，什么样的原料做锯齿才能更有效呢？这时，鲁班突然想起了铁。他立即跑下山去，请铁匠按照自己的要求制作了一条

锯

带锯齿的铁条。鲁班带上它迫不及待地返回山里，拿它锯大树，又快又省力。凭借这种工具，鲁班和徒弟们只用了13天就备齐了300根梁柱，使工程得以顺利完成。鲁班发明锯后，人们不断改进，又制造出了各种各样的锯。

鲁班是我国古代一位杰出的发明家，两千多年以来，他的名字和有关他的故事，一直在民间流传。

8. 橹的发明

橹就是安装在船边像鱼鳍那样划动的船桨。它是古代发明的一种仿生鱼尾，安装在船尾，左右摆动可使船像鱼儿摆尾那样前进。

说到橹的发明，还有一个传说呢。相传鲁班有一天来到海边，看见渔民出海捕鱼时，都是用一支支扁条状的木板和大竹片划行，使木船前行。使用这样的划具不但笨重、吃力，而且划行速度相当慢。当晚，鲁班又偷偷来到海边，他对着停泊在岸边的长条木船仔细端详了好半天，又量了量船的各个部位，之后陷入了沉思。他想啊想啊，不知不觉天亮了，鱼儿又开始在水里欢快地畅游起来。看着鱼儿在水中摆尾前进，他一下子有了灵感。他飞奔回家，找来几块长木头，就开始削起来。经过几天的打磨，他的第一根橹终于问世了。橹的外形有点像桨，但是比较大。这根橹分为两段，上段长2米左右，是扁圆形的；下段与上段一样长，只不过下段是扁条状的。鲁班用两端削扁的木头把上下段结合起来，然后再把制好的上、中、下三段，用藤片扎紧固定住。看着自己的劳动成果，鲁班很高兴。可问题又来了，怎样才能安装使用呢？

面对着长长的木船，鲁班又开始苦苦思索。经过反复试验，他终于成功了。鲁班把橹安装在船尾的橹檐上，剖面呈弓形的一端入水，另一端则系在船上。当人们用手轻摇橹担绳时，伸入水中的橹板就会左右摆动。当橹摆动时，船跟水接触的前后部分就会产生压力差，从而形成推力，船只就会很轻巧地被推动着前进，看起来就像鱼儿摆尾一样前进，这样不仅省力，而且速度大大加快。橹还会发出"吱

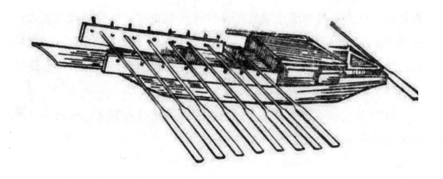

橹

噜""吱噜"的声音,仿佛在为捕鱼的渔民加油助威。不要小看从桨到橹的变化,这实际上是由间歇划水变成了连续划水,所以在古代就有了"一橹三桨"的说法。渔民们认为橹的效率可以达到桨的三倍,从此渔民的捕鱼效率大大提高。

当时的人们认为这种工具是鲁班发明的,为了让后人永远记住鲁班,就给它起名叫"鲁"。鲁班不同意。后来有人提议说,工具既然全是用木料做成的,那就在"鲁"字的左边加上一个"木"字,叫"橹"。从此,橹的名称沿用至今。

橹变桨,变前后划水为左右拨水,克服了桨离开水后划行做无用功的弊端,成为连续做有用功的先进推进装置。由于橹的结构简单而又轻巧高效,它发明后很快就得到推广,不但在内河船舶中广泛使用,而且在海船中也得到较充分的发展应用,大大提高了航行的速度。

橹的问世不仅是中国造船史上的一项独创性发明,而且是对世界造船技术的重大贡献之一。大约在17世纪末,橹传到了欧洲,后来经过不断改进,成为近代船舶上的螺旋推进器,极大地推动了世界航海业的发展。

9. 伞的发明

伞,作为普通的生活用具,对人们来说,已是司空见惯,不足为奇。可是,在世界文化史上,伞一向被视为东方智慧的结晶。伞是何人在何时发明的，至今仍是个待解之谜。

伞在最初发明时主要是用来遮挡阳光的。相传在几千年前，黄帝部落和蚩尤部落在涿鹿大战。当时烈日炎炎，蚩尤作法，尘沙飞扬，黄帝很难看清战场上的军队阵势，就命人在他的战车上撑起一个叫"华盖"的用具，用来遮挡住风沙和阳光，这样黄帝就把蚩尤军队的布局看得一清二楚，最后黄帝通过自己的智谋打败了蚩尤。

黄帝能取胜，那时的人们都认为是"华盖"保佑的结果，并因此把它视为荣誉和权力的象征。从此以后，黄帝走到哪里，华盖就跟到哪里。所谓的华盖就是一顶圆形的布盖子下边支着一根长棍，不能收拢也不能伸展，比较笨重。这就是伞的雏形。

后来又有传说，春秋时期鲁国的能工巧匠鲁班，一直走村串户为百姓做木工活，他的媳妇云氏每天中午都要给他送饭，常常被突如其来的大雨淋成落汤鸡。为此鲁班在沿途为她设计建造了一些简陋的小亭子，一旦路上遇到下大雨，便可以就近在亭内暂避一阵子。亭子虽好，但不能随时搬挪。有一天，在亭子里避雨的云氏突发奇想："要是能随身带个小亭子就好了。"后来云氏就把想法告诉了鲁班。此后几天，鲁班因为这事吃不香，睡不安，反复琢磨，还是没想好。一天中午，骄阳似火，酷热难挡，正在干活的鲁班抬头擦汗时，看见一个孩子头上顶着一张倒过来的新鲜荷叶向他走来。鲁班觉得很有意思，就问他："你头上顶着张荷叶干什么呀？"孩子很得意地说："鲁班师傅，太阳烤得肉太疼了，头上顶着荷叶，太阳就晒不着了，还很凉快，您也试一下吧。"鲁班接过荷叶，仔细瞅了瞅，荷叶圆圆的，反面还有一些叶脉，往头上一罩，既轻巧，又凉快，很舒服。鲁班赶紧跑回

战国古伞骨架

家，把一根竹子劈成许多细细的条条，又照着荷叶叶脉的样子扎了个架子。接着他又让妻子找了块布，把它剪得圆圆的，蒙在了竹架子上。"太好了，成功啦！"他高兴得叫了起来。鲁班把做成的东西递给妻子，激动地说："你试试这个东西，以后再出门就不用怕雨淋、太阳晒了。"鲁班的妻子也很开心，拿过来瞧了瞧，为难地说："不错是不错，怎么把它收拢起来呢？"鲁班听后就跟妻子商量，他们一起动手，终于把它改成可以收拢的了。于是，世界上第一把伞就这样问世了。

"伞"这个名词，在我国南北朝时才出现，之前的各个时期，都被称为"盖"。中国是世界上最早发明雨伞的国家，从发明之日到现在已有3500多年的历史。到了北魏时期，伞逐渐被用于官仪，老百姓将其称为"罗伞"。罗伞的大小和颜色根据官职的大小有所不同，皇帝出行用的是黄色罗伞，表示可以"荫庇百姓"，其主要目的还是遮阳、挡风、避雨。

10. 蒸笼的由来

蒸笼起源于汉代，是汉族饮食文化中的一朵奇葩，是我国古代劳动人民智慧的结晶。蒸笼大多是由竹、木、铁皮等制成的，其中用竹蒸笼蒸食物既可以保持着水蒸气冷凝后不倒流，又可以使食物色香味俱全。

说到蒸笼在中国的起源，还有一个非常有趣的传说。当年刘邦手下有位大将军叫韩信，每次行军打仗时，士兵都要带着很沉重的锅和粮食，非常不方便；生火做饭时，还常常因为炊烟而暴露军营的位置，遭到敌人的袭击。这使他非常苦恼。后来他们发现可以把竹子制成炊具，利用水蒸气来蒸食物。这样蒸出来的食物不仅味道鲜美，而且更容易携带保存，还减少了行军中的大量辎重。令人头疼的问题终于解决了，这使韩信大军的行军速度更快，经常出其不意地袭击敌人，赢得了一场又一场战争的胜利。

其实，据考古学家考古证明，早在周代我们的祖先就已经采用竹子制作的蒸具来蒸煮食物了。但我们现在能找到的最早的确切记录，是在河南密县（今新密）打虎亭1号东汉墓中出土的石庖厨房壁画中，该壁画刻画出了蒸笼，距今大约两千年。宋代出土的砖雕上的蒸笼，则留下了古人蒸馒头的珍贵记录。

蒸笼

　　作为一种古老的汉族手工艺品，蒸笼的制作工艺已经很成熟。按照材质竹蒸笼主要分为青皮慈竹蒸笼和去青皮楠竹蒸笼。由于慈竹质地比较薄，所以在做慈竹蒸笼时都要带着竹皮一起使用，因此在制作时，要用火适当地烤一下才耐用。由于制作这种蒸笼的材料很容易坏，所以现在已经不常见了。和慈竹不同，楠竹质地厚实坚硬，因此制作蒸笼时要用刀把外层竹皮刮去。也有用带皮楠竹制作蒸笼的。楠竹带皮蒸笼的特殊制作工艺是巴蜀劳动人民智慧的结晶。完成一套蒸笼需要数道工序，大概需要几天时间。目前，会这门民间手艺的艺人已经很少了。

11. 理发工具的发明

　　在清代以前，中国是没有理发工具的。直到清军入关后逼迫汉人剃头，才出现了剃头业，所以现在仍然有人把理发叫剃头。真正意义上的理发则出现在民国以后。随着理发业的出现，理发工具也就应运而生了。

　　理发工具的发明，要追溯到清朝初年。据说当年雍正皇帝患了很严重的头疮，太监每次给他剃头、梳发辫时，他总是疼痛难忍。雍正皇帝怀疑是剃头匠和梳头太监搞的鬼，一连杀了好几个剃头匠和梳头太监。为此，京城里很多技艺高超的剃头匠，总是惶惶不可终日，害怕被召进宫去，招来杀身之祸。为躲避灾难，他们纷纷逃离京城，不愿离开京城的就直接改了行。当时有一位道士名叫罗隐，人称罗真人，后人

清代象牙梳具

也称罗公。他住在北京白云观中。当他听说此事后，很同情那些无辜的受害者。从此他每天潜心研究剃头技术，终于发明出了剃头刀、刮脸刀，挖耳和梳辫子用的拢子、篦子之类的理发工具，还研究出了按、捶、拿等一整套理发的操作方法，并且毫无保留地将这些器具和技艺一一传授给剃头匠。为了拯救京城的剃头业，胸有成竹的罗隐主动请缨进宫去给雍正皇帝梳头。雍正对罗隐的梳头技术非常满意，既不疼又不痒，很舒服。在罗隐的精心护理下，雍正的头疮慢慢痊愈了。雍正为此龙颜大悦，赐封罗隐为"恬淡守一真人"，并把罗隐发明的剃头新器具钦赐为"伴朝銮驾小执事"。从此，剃头匠得救了，他们对罗隐感恩不尽，尊奉罗隐为理发匠的祖师爷，称其为"罗祖"。

罗隐死后，被葬在北京白云观里，就是今天的"罗公塔"。农历七月十三是罗隐的诞辰，每年这一天，剃头匠都要赴罗祖祠去祭拜，以表达对这位祖师爷的崇拜和怀念。

12. 中国最古老的机器人

随着高科技的发展，很多人都梦想拥有一个能为自己进行全方位服务的机器人。然而，人们对机器人的幻想与追求已有3000多年的历史了。

看过《三国演义》的人都知道，在第一百二十回里详细记载了诸葛亮制造木牛流马的故事，这虽是人造机器牛、马的先例，但这并不是中国历史上最早的人造机器。据《列子·汤问》篇中记载，早在西周时期，周穆王向西巡狩的时候，曾经在遥远的昆仑山下遇见了古代最神奇的工匠偃师。他曾献给周穆王一个能歌善舞的伶人——机器人。偃师造出的这个伶人和常人的外貌、动作极为相像，周穆王一开始还以为它是偃师的随行人员，并没有放在心上。后经过偃师的解释，穆王惊奇万分，还是不太相信，就让那机器人开始表演。只见那伶人前进、后退、前俯、后仰，动作和真人几乎一致。辦动它的下巴，就能够唱出美妙的歌声，和着音律还能挥动手臂婀娜起舞，舞姿优美，动作灵活多变，甚是招人喜爱，让所有的观看者惊愕万分。周穆王看得直呼过瘾，还让他的宠姬出来陪他一起欣赏。偃师所造的这个机器人表情丰富，表演时伶人还不时地向周穆王的宠姬抛媚眼，气愤到极点的周穆王实在是忍无可忍了，立即下令要斩杀偃师。偃师非常害怕，立刻把机器人拆开了给穆王看。虽然这个伶人五脏俱全，看起来如真器官，但里面装的都是些皮革、木头、黑炭、颜料等。周穆王并不相信偃师的解释，自己还亲自走向前仔细查看，猛地一看，外边的筋骨、关节、皮毛、牙齿、头发宛如真的一般，但触摸起来确实是假的。周穆王还是难以相信，又让偃师把这些东西重新组装起来，站在他面前的又是一个活生生的伶人。穆王看后还是半信半疑，就让人将伶人的心拆走，于是就不能唱歌了；拆走机器人的肝，它的眼睛就无法转动了；又命人将它的肾拆走，伶人寸步难行。最后，周穆王心悦诚服，这才对偃师高超的技法大加赞赏。

现代第一台可编程机器人是在1954年由美国人乔治·德沃尔制造出来的，这种机器人能按照不同的程序从事不同的工作，具有较高的通用性和灵活性。随着科技的发展，中国机器人产业发展迅速，在工业生产、家庭服务等方面发挥了重要作用，将古人对机器人的想象变成了现实。

二　科技之幻

1. 神奇的古代滴漏

在钟表发明之前，古人是用什么工具计时呢？答案是滴漏，即漏壶。

滴漏是根据水滴的规律而制造出来的计时装置。远古时期，人们根据日月星辰在天空中的位置来判断时间，但是这种判断并不准确。据说，黄帝手下有个臣子叫计时，他很善于观察，每次到山上，总是被岩洞中水滴落在石头上的强音节奏吸引。一天，他听着听着，忽然有了一个奇思妙想。于是他赶忙跑回家，找来一个容器蓄水，在下面钻了一个小孔，令水滴下，并反复寻找出它滴水的规律。经过15年的刻苦钻研，计时最终得出一个规律，以漏滴三下为一秒，以漏滴一百八十下为一分（即六十秒），以漏滴一万零八百下为一时（即六十分），以漏滴两万一千六百下为一个时辰（即两小时）。这也是最早的计时器，从此彻底打破了先民日出而作、日落而息的时间观念，从而可以比较充分地把握时间，循时而作，极大地方便了人们的生活。

铜壶滴漏

在长期的实践过程中，人们慢慢发现，当漏壶装满水时，水的压力比较大，流速就快；而当壶中的水越来越少时，水的压力变小，流速就会变慢，这样，计算出的时间就不那么准确了。后来，人们又反复试验，把原来的滴漏加以改进，把单壶改装为多壶。就是在原来的漏壶上又加了一只漏壶，水一流走，它马上就会补充漏壶中的水量，这样壶内的水位和水压就会始终保持恒定，漏壶的计时精确度也大为提高。

元朝时期，人们又制成了铜壶滴漏。它的设计更科学，报时也更准确，一直沿用了大约700年。滴漏是古代劳动人民智慧的结晶，为世界钟表史的发展做出了重大贡献。

2. 蔡伦和造纸术

在发明纸之前，古代中国主要用龟甲、兽骨、竹简、木牍、丝帛等记录文字。但是甲骨的来源有限，在上面刻字十分困难，且不便携带、保存。竹简和木牍是用长条竹片或木片做成的，一片上刻不了几个字，写一篇文章就要用许多片，非常笨重。据说秦始皇每天批阅用简牍写的奏折重达一石（约50斤）。后来人们又把丝帛作为书写材料，虽然它柔软轻便，易于书写，但价格昂贵，所以以上书写材料都没能广泛推广。直到蔡伦改进了造纸技术，使中国乃至整个世界的书写历史都出现了转折。

蔡伦是东汉时期的宦官，曾在京城洛阳出任尚方令，主管监督朝廷中御用器物的制作。他非常聪明，平时喜欢思考问题，还经常和工匠们一起研究制作工艺，并亲自动手制作。有一天，蔡伦看到皇帝不辞辛苦地批阅成堆的简牍，就下决心要制作出一种轻便、易使用的书写材料，以取代笨重的简牍。

从此一有空他就钻研造纸技术，总结前人的造纸经验，不停地试验。一天，蔡伦无意中看到了丝帛的生产过程，这使他有了奇思妙想。是不是也能找到一种价格低廉、容易找到的原料呢？这样在生活中他又成了一位寻觅者。

造纸工艺流程

　　有一天，蔡伦在河边散步，忽然看到河里有一团像棉絮一样薄薄的东西。出于好奇，他去水里捞了一块上来，放在手心里仔细研究了半天。他突然大笑起来，如获至宝，向河边的一位老人询问这东西是怎样形成的。老人告诉蔡伦，河里经常漂浮着一些树皮、烂麻、破渔网，它们天天被水冲泡，被太阳晒，时间长了就变成他手里的东西了。蔡伦听后，举目四望，河的四周长满了郁郁葱葱的树。他不由得眉开眼笑起来，多日的困惑终于消除了。

　　之后，蔡伦马上投入紧张的试验中，他找到了一些廉价原料——树皮、破麻布、麻头、旧渔网等，先让工匠们把它们剪碎或切断，然后在水里漂洗一下，再放入一个大水池中浸泡一段时间后，其中的杂物就烂掉了，不易腐烂的纤维存留了下来。蔡伦让工匠们把浸泡过的原料捞起，放入石臼中捣烂成浆状物，经过蒸煮，然后在席子上摊成薄片，放在太阳底下晒干，之后揭下来，这样最后一道工序就完成了，原来的树皮、破渔网、麻布头就神奇地变成一张张轻薄柔韧且易使用的纸了。

蔡伦终于改进了造纸术，造纸原料取材容易、来源广泛、价格低廉，可以大量生产，很受人们欢迎。用这种方法造出的纸，不仅体轻质薄，而且便于人们书写。所以这种技术很快得到传播，4世纪传到朝鲜，7世纪传到日本，12世纪传到欧洲，极大地推动了世界文化的交流和传播。

蔡伦曾被封为龙亭侯，后人为了纪念蔡伦，把用这种造纸工艺造出来的纸称为"蔡侯纸"。

3. 张衡的地动仪

张衡生活在东汉时期，博学多才，不仅留下了文采飞扬的《二京赋》，而且在数学、地理、绘画、机械制造、气象学等方面都有非凡的成就。张衡最著名的成就还是在地震学方面。132年，他创制了第一台能测定地震方向的仪器——地动仪。

东汉时期，洛阳、陇西一带经常发生地震，有时候一年一次，有时候一年两次。其中的两次大地震，导致很多房屋、城墙坍塌，还死伤了很多人。当时的人们缺乏科学知识，以为地震是神灵主宰，把地震看作是不吉利的征兆，一时间人心惶惶，上下一片混乱。张衡对此不以为然，他决定解开其中之谜。他把每次发生的地震现象都记录下来，经过反复对比、多次的实地考察和试验，终于发明了测定地震方向的仪器——地动仪。地动仪是用铜制成的，形状像一个酒樽，内部竖着一根铜柱，柱子周围有八组杠杆连接外面，仪器上面还有个凸形的盖子，外面铸有八条龙，龙头分别朝着八个方向。每条龙的口中各衔着一枚小铜球，每个龙头下面，都蹲着一个铜制的张着嘴的蛤蟆。如果哪个方向发生了地震，铜柱就会倒向哪个

地动仪的复原模型

方向，触动杠杆，使那个方向的龙口自动张开，把铜球吐出，落入下面铜制的蛤蟆嘴里，并发出响亮的声音，这样人们就知道哪个方向发生地震了。

开始，人们并不相信地动仪的功效。138年的一天，张衡正在洛阳城的家里宴请朋友，地动仪正对西边的龙嘴突然张开，吐出了铜球，随之发出了响亮的声音。张衡告诉朋友，一定是西边发生地震了。朋友都说张衡大惊小怪，神经过于紧张，因为他们喝酒的杯子丝毫没动，没有察觉到任何地震的迹象。因此，大家都认为张衡的地动仪一点也不准。虽然朋友都这么说，但张衡对地动仪的准确性坚信不疑。不久，驿站的人骑着快马向朝廷报告，说离洛阳一千多里的陇西一带——正是地动仪所指的方向，发生了大地震，真的是山崩地裂，死伤无数。在事实面前，大家哑口无言，相信张衡地动仪的功用。

张衡发明的地动仪是世界上最早的地震仪，比欧洲的地震仪早1700多年。张衡在我国科学史、文学史上都具有重要的地位，难怪郭沫若先生在评价张衡时说："如此全面发展之人物，在世界史中亦属罕见，万祀千龄，令人景仰。"

4. 贾思勰与《齐民要术》

贾思勰是我国北魏时期著名的农学家，写成了一部综合性农书《齐民要术》。它是我国现存的第一部完整的农业科学著作，也是世界农学史上较早的专著之一。

《齐民要术》成书于北朝时的北魏末年，"齐民"指的是百姓，"要术"指的是谋生方法。书中系统地总结了北魏之前中国北方的农业科学技术，对农作物的生产过程，从开垦、选种、播种、耕耘、收割到贮藏，都做了详细记录，对中国古代农学的发展产生了重大影响。

贾思勰，益都（今属山东青州）人，祖辈世代务农，所以他对农业非常熟悉。他一生致力于农业的研究，每到一地，都非常重视农业生产，认真考察和研究当地的农业生产技术，翻阅当地的农业文献资料，收集农谚、歌谣。他不辞辛苦，四处访问有丰富经验的老农，还亲自种植农作物，因此获得了不少农业方面的生产知识。在此基础上，他撰写了《齐民要术》一书。

《齐民要术》由自序、杂说和正文三大部分组成。正文10卷，共92篇，合计11万字，其中包括注释，约4万字。另外，书前还有自序、杂说各一篇，其中的自序广泛列举圣君贤相、有识之士等注重农业的事例，以及由于注重农业而取得的显著成效。书中内容相当丰富，涉及的范围也很广。不仅总结了我国古代劳动人民长期积累的生产经验，而且详细介绍了

贾思勰像

农、林、牧、副、渔业的生产技术和方法，以及各种家禽、家畜、鱼、蚕等的饲养和疾病防治方法；并且强调了农业生产一定要遵循自然规律，农作物的种植一定要因地而异，因时耕种。在书中，贾思勰还极力提倡要改进生产技术和农具，认为这样农业才能大发展。因此，《齐民要术》对我国农业研究具有重大意义。直到北宋年间，政府还将这部书刻印成册，发给各州县，用以指导各地的农业生产。

《齐民要术》在我国和世界农业科学发展史上都占有重要地位。此书在海外也有一定的影响力，贾思勰也因这部著作而名垂青史。

5. 雕版印刷术

自从东汉蔡伦改进造纸术后，读书的人渐渐多了起来，对书籍的

需求量也大大增加。但是一般人要读书也很不容易，因为当时的书都是手抄本。随着经济的发展，人们迫切需要印刷术的出现。

在雕版印刷术出现以前，人们已经掌握了印章和拓碑技术。印章有阳文和阴文两种，阳文刻出来的字都是凸起的，阴文刻的字是凹进去的。但印章一般比较小，印出来的字数很有限。拓碑一般使用的是阴文，拓出来的字是黑底白字，也不够醒目。而且拓碑的过程比较复杂，用来印制书籍也不方便。但是，拓碑有一个好处，那就是石碑面积比较大，一次可以拓印许多字，这反映了精湛而娴熟的文字雕刻技艺。虽然印章和拓碑各有优缺点，但都不能推广使用。我国古代劳动人民就是在印章和拓碑的启发下，最终发明了雕版印刷术。

据考证，雕版印刷术是在我国唐朝时期发明的。雕版印刷的具体方法就是：把木头锯成一块块的木板，先把要印的字写在薄纸上，然后反贴在木板上，再用刀一笔一笔地雕刻成阳文，使每个字的笔画都凸出在木板上，即刻出的字都是凸起的反的字。木板上的字雕刻好以后，就可以印书了。印书的时候，先将一把刷子蘸上墨，在雕刻好字的木板上刷匀，接着，把白纸覆在木板上，另外再拿一把干净的刷子在纸上轻轻刷一刷，然后将纸揭开，这样一页印品就印好了。接着再去印制另一页。晾干后，就可以把一页一页的印品装订成册，一本印制的成品书也就大功告成了。因为这种印刷技术是先在木板上雕刻好成版的字再印刷的，所以叫雕版印刷术。这的确是中国古代劳动人民的一个伟大创造。印制一种书，只需要雕刻一回木板，就可以印制很多部，这是手写远远不及的。宋朝时期，还有人用铜板雕刻，这说明当时也已经掌握了铜版印刷的技术。9世纪，我国用雕版印刷术印书已经相当普遍了。但是直到现在，保存下来的

雕版印刷成品版

《金刚经》（部分）

只有一部唐朝咸通九年（868年）刻印的《金刚经》。这部经卷上面刻有佛像和经文，卷尾落款是："咸通九年四月十五日王玠为二亲敬造普施。"这部《金刚经》是世界上现存最早的、标有确切日期的雕版印刷品，经卷中的图画也雕刻在一块整版上，是世界上最早的版画。

雕版印刷术是我国古代劳动人民的重要发明，也是世界现代印刷术的技术源头，对人类文明的发展做出了突出贡献。

6. 火药的发明

火药是中国古代的四大发明之一，距今已有1000多年的历史。它是本身能在适当的外界能量作用下，进行迅速而有规律燃烧的药剂，同时也是能生成大量高温燃气的物质。火药的起源与炼丹术有着密切的关系，是古代炼丹家发明的。从战国末期至汉朝初期，帝王贵族们都沉醉在做神仙能长生不老的幻想中，常驱使一些方士与道士炼制"仙丹"，火药就这样在古代道士炼制丹药时无意中被配制出来了。

魏晋南北朝时，道教盛行，道士们更希望通过修炼达到长生不老的效果，因而很多人都潜心炼制丹药。其中有人将硫黄、硝石、木炭按照一定的比例混在一起来炼制仙药，在炼制过程中发现硫黄、硝石、炭混合点火后会发生激烈的反应而燃烧起来，如果采取措施不及时的话，就会引起房屋着火。《太平广记》记录了这样一个故事：隋朝初年，有一个叫杜春子的人去拜访一位炼丹老人，当晚留宿住在老人那里。半夜时分，杜春子梦中惊醒，忽然看见炼丹炉内有"紫烟穿屋上"，顿时屋子燃烧起来，这应该就是炼丹老人在配置易燃药物时因为疏忽而引发的火灾。人们认识到硫黄、硝石、炭三种物质可以混合制成一种极易燃烧的药，这种药被称为"着火的药"，即火药。由于火药是在制丹配药的过程中发明出来的，之后就一直被当作药类来使用。明代的医药学家李时珍在《本草纲目》中就提到火药能治疮癣、杀虫、辟湿气、驱瘟疫等。

火药发明出来后，一直不能解决王公贵族和道士们的长生不老问题，又容易着火，所以炼丹家对它并不感兴趣。这样火药的配方就由炼丹家手里转到了军事家手里，火药也成为中国古代四大发明之一。

火药刚发明出来时主要用于制作烟花，后来渐渐发展成为武器，唐朝末年开始用于军事上。火药在战场上的出现，预示着军事史上将发生一系列的变革，也标志着古代战争从冷兵器阶段向火器阶段的过渡。唐朝时期，战场上出现了火炮、火药箭等兵器。火炮是把火药制成环状，点燃引线后用抛石机掷出去。火药箭是把火药球缚于箭镞之下，点燃引线后用弓弩射出。北宋时期，战争接连不断，加速了火药武器的发展，又出现了"霹雳炮""震天雷"等爆炸性较强的武器。这些武器以铁壳作为外壳，点燃后能使炮内的气体压力增大到一定程度再爆炸，所以威力

《太平广记》中故事

强，杀伤力大。从利用火药的燃烧性能到利用火药的爆炸性能，这一转化标志着火药使用成熟阶段的到来。南宋时期，火药广泛用于军事上，出现了管形火器。《宋史·兵志》中记载，防守寿春的士兵发明了突火枪，"以巨竹为筒，内安子窠，如烧放，焰绝然后子窠发出，如炮声，远闻百五十余步"。突火枪是世界上最早的管形火器。到了元代，又出现铜火铳。这些武器都是以火药爆炸为推动力的，它们的发明大大提高了火器发射的准确率。这些武器成为现代军事武器的鼻祖。

火药的发明推动了世界历史的发展进程，恩格斯曾高度评价中国在火药发明中的作用："现在已经毫无疑义地证实了，火药是从中国经过印度传给阿拉伯人，又由阿拉伯人和火药武器一道经过西班牙传入欧洲。"火药传到欧洲，不仅推动了欧洲经济、科学文化的发展，而且动摇了西欧的封建统治，使昔日靠冷兵器耀武扬威的骑士阶层日渐衰落，加快了人类文明社会的到来。

7. 活字印刷术的发明

和手工抄写相比，雕版印刷大大提高了书籍的复制速度，又减少了辗转传抄中的错误，有力地推动了文化知识的传播和发展。可是这种印制方法很快就显露出了弊端：印制一种书籍，就要雕刻一回木版，费时费工又费料，还是无法迅速、大量地印刷书籍。如果要印刷一部15万字的浩繁巨著，按照熟练刻工每天50个字计算，光刻版至少就要8年。假如在刻制版中刻错一个字，那么整张刻板就完全报废了。如果一部书印过一次以后不再重印了，那么先前雕刻好的版就完全没用了。那有没有什么改进的办法呢？

北宋时期，我国有个发明家叫毕昇，他为了能发明出一种既省时又方便的刻版方法，常常独坐一处，苦思冥想。经过长期思考，反复实践，他终于发明了一种更先进的印刷方法——活字印刷术。

毕昇在生活中是个有心人，注意观察自己周围的一些事物和现象。有一天，他看见自己的两个儿子在玩"过家家"的游戏，用泥做

泥活字版

成了锅碗瓢盆、桌椅之类的东西，很开心地摆来摆去。他灵机一动，心想：为什么不能用泥刻成单字，这样不就可以随意排版了吗？

于是，毕昇就先用黏土制成一个个四方长柱体，在一面刻上单字，再用火烧硬，就变成了一个一个的陶活字了。排印的时候，先在准备好的一块铁板上面铺上松香和蜡之类的东西，按照书中的字句和段落将一个一个的胶泥活字依次排好，然后在铁板四周再装上一个铁框，排满一铁框为一版，接着用火在铁板底下烤。等松香和蜡熔化了，再将一块平板放在排好的活字上面，把字压平，这样一块活字版就排好了，等它完全冷却后，用刷子在字上涂上墨就可以印刷了。为了提高印刷的效率，毕昇把每个单字都刻好几个，这样可以同时排版，效率很高。遇到生僻字，就让人临时雕刻，用火一烧就成了，也非常方便。印完一版后，再把铁板放在火上烧热，使松香和蜡等熔化，陶字拆下还可以再用，所以叫活字。这就是世界上最早的活字印刷术。

对比活字印刷术与雕版印刷术，可以看出毕昇的创新突出在两个"变"上：一是变死字为活字，二是变死版为活版，可反复使用。宋太祖时由官方主持刻印的《大藏经》，用了12年的时间，刻制了13万块雕版，而印完后堆积如山的雕版根本派不上用场，造成了巨大浪费。如果当时用的是活字印刷术，这种情况就不会存在了，而且几个月就能完成刻印任务。

据考古学家考证，西夏时期的木活字印刷品，是目前已知最早的活字印刷品。宋元时期，我国已经有了套色印刷技术。元朝时期，科学家王祯发明了转轮排字盘。在排版时，只要转动放活字的轮盘，就可以捡出要用的字了，大大降低了劳动强度，提高了排字速度。明清时期还出现了更坚固耐用的铜铅铸的金属活字。

毕昇发明的活字印刷术既经济又省时，大大促进了文化的传播。活字印刷术后来陆续传到世界各地：13世纪传到朝鲜和阿拉伯国家，16世纪传到日本。15世纪，欧洲才出现活字印刷术，比我国晚了400多年。活字印刷术是我国古代四大发明之一，是中华民族对世界文明发展做出的又一重大贡献。

8. 指南针的应用

指南针是用来判别方位的一种简单仪器，是我国古代劳动人民的一项伟大发明。指南针的前身就是司南。

汉朝的司南（模型）

早在战国时期，我们的先人就已经发现了磁石有指示南北的特性，因而制成了司南，这是世界上最早的指南仪器。《鬼谷子·谋篇》记载，郑人外出采玉时带了司南，以防止迷失方向。可见，司南的发明大大便利了人们的出行，为后来指南针的制作奠定了基础。

司南的形状和现在的指南针不太一样，它的形状很像我们现在用的勺子。把整块天然磁石磨制成勺子的形状，再把它的南极磨成长柄状，勺头底部是半球面，非常光滑。使用时，先把磁勺放在光滑的铜盘中间，用手转动勺柄，等到磁勺停下来时，勺柄所指的方向就是南方，磁勺口指的方向则是北方。由于司南是用天然磁石磨制成的，磁性较弱，再加上转动时与底盘会产生较大的摩擦力，因而指南效果较差，而且携带不方便，所以在当时并没有得到广泛应用。此后，人们经过长期的实践，加深了对磁铁性质的了解，北宋时期终于发明了极具实用价值的指南针，并开始用于航海事业。

沈括在《梦溪笔谈·杂志》中记录了四种指南针的装置方法，即水浮法、指甲旋定法、碗唇旋定法和缕悬法。水浮法是把磁针横贯灯芯放在有水的碗里，使它浮在水面上指示方向。指甲旋定法是把磁针放在手指甲盖上，轻轻转动，磁针就和司南一样指示方向。碗唇旋定法是把磁针放在光滑的碗边上，转动磁针，便可以指南了。缕悬法是把一根磁针用单丝粘住，另一端悬在木架上，针下安放一个标有方位的圆盘，静止时磁针便指示南北。这四种方法中，以缕悬法的灵敏度最高，它基本上确立了近代罗盘的构造。后来人们不断探索，学会了把磁针固定在有刻度的方位盘里，制成了罗盘针。

北宋时期，人们首先把指南针应用在航海事业上。南宋时期，已经完全使用罗盘针来导航了，指南针已成为船舶航行辨别方向的护身法宝。后来经常到中国进行贸易的阿拉伯商人和波斯商人，把指南针又传到了欧洲，这对于海上交通运输业的发展和中外经济文化的交流，都起了巨大的推动作用。指南针的发明也为欧洲航海家的环球航行和探险创造了重要条件。

指南针的应用使人类可以全天候航行，将"原始航海时代推至终年"，由此指南针也被世人誉为"水上之友"。

9. 世界上最早的自鸣钟

自鸣钟就是一种能按时自击，报告时刻的钟。关于自鸣钟的说法有两种。一种认为，世界上最早的机械钟是在1335年，由意大利的米兰人设计的，它没有时针，只能靠打点来报时。还有一种说法认为，世界上第一台真正能自动报时的机械自鸣钟，是由中国元朝的大科学家郭守敬制造的大明殿灯漏。我国一般都采用此说。

大明殿灯漏是以漏壶流水为动力的大型水利自鸣钟，这台自鸣钟安放在皇宫的大明殿内，形状像宫灯，以水流为动力，类似于以前的漏刻，所以叫"大明殿灯漏"，也称"七宝灯漏"。它是朝官上朝的报时器具。这是世界上第一台大型水利自鸣钟，比西洋钟的出现早了400多年。据历史文献记载，这台圆樽形的自鸣钟高约5.4米，由附件和主体两部分组成。上部是附件，在弓形的曲梁上有三颗云珠，中间是地球，左边是太阳，右边是月亮。曲梁的两边装有龙首，用龙首来保持转木的平衡。中梁上有两条腾龙和一颗云珠，通过龙珠的起伏可以调节漏壶流水的速度，来适应四季昼夜交替的变化。下部是灯漏的主体，自上至下由四层组成，可让人们从四个方位同时来观看。第一层穹形顶层环绕布上有二十八星宿图案，分别代表日、月、星辰的形象；每天能自左向右旋转一周，象征着太阳的东升、西落。第二层是报时机构，分别把青龙、白虎、朱雀和玄武置于东、西、南、北四门之上，每到一刻时会依次转出跳跃，同时还有鼓声萦绕。第三层是显示时间的机构，樽的圆盘上按地支十二个时辰站有12尊小木人，每人手抱时刻牌，每到一个时辰，轮流从四门出来报时；下方也站有一个小木人，会拿牌出来用手指摆放刻盘。这台自鸣钟就是通过这二者的默契配合来显示时刻的，相当于现在钟表上的时针和分针。第四层是音响装置机构，有钟、鼓、钲、铙四种乐器，每扇门上或蹲或站有一个小木人，它一刻撞钟，二刻击鼓，三刻击钲，四刻敲铙，准时报点，来告诉人们不同的时辰。当人们听到不同的声音响起，就会准确地知道时间到几时几刻了。除此之外，自鸣钟底座的四周还有春兰、夏荷、秋菊、冬梅四种花，用来表示一年有四季。

大明殿灯漏（复制图）

郭守敬发明的自鸣钟，以奇妙、精准著称。可惜的是如此巧夺天工的自鸣钟在元末战乱中失传了。为了纪念郭守敬这位伟大的科学家、发明家，弘扬他的科研奉献精神，2004年，在郭守敬的故乡河北邢台，人们根据《元史·天文志》等书中的翔实记载，成功复制了"大明殿灯漏"，向世人证明了郭守敬制造的机械自鸣钟能准确报时的事实。

10. 神奇的被中香炉

被中香炉又称"香熏球""卧褥香炉""熏球"，是中国古代盛香料熏衣被的球形小炉。你不要小看这种器具，它有着很绝妙的地方，看后真是令人赞叹不已。

它的球形外壳和位于中心的半球形炉体之间有两层或三层同心圆环，它的奇巧之处就是，炉体在径向两端各有一个环形活轴的小盂，两个活轴支承在内环的两个径向孔内，能自由转动。同样，内环支承在外环上，外环支承在球形外壳的内壁上。由于炉体重心在下，同心圆环形活轴又起着平衡的作用，这样盛放在小盂中的香料、火炭，点燃以后放在被褥之中，那么无论熏球在被子里怎么滚转，炉口始终会保持水平状态，不会倾翻，香火也不会倾撒出来燃烧衣被。令人惊奇的是，这种冬天取暖、熏香的"被中香炉"的构造原理，竟然与近代飞机上用以保持仪表平衡的陀螺仪中的万向支架原理相似。正是有了万向支架的支撑，才可以让陀螺的转轴指向任意方向。早在西汉时期就懂得用此原理创造生活，不得不感叹古代先民的智慧。

被中香炉

被中香炉的设计最早记录在西汉刘歆所撰写的《西京杂记》中：汉武帝时，有一个名叫丁缓的能工巧匠制成了当时已经失传已久的"被中香炉"。它整体高约5厘米，是个圆球形的铜制炉子，外壳由两个半球合成，壳上镂刻着精美的花纹，花纹间留有空隙，主要是用来散发香气的。此外在炉子中间还装有机环，目的是让炉体保持平衡，无论它如何翻滚，火灰绝对不会倾溢出来，可以放置在床上的任何位置放心使用，所以称之为"被中香炉"。也正因为它的制作精细、镂刻雅致、香艳惊人，所以香炉问世后便很快流行开来。到唐朝，还出现了银熏球，由于价值昂贵些，只盛行于贵族的生活中。这种香球不仅可以放在被褥衣服中，而且可以挂在屋里的帷帐上。由此可见"被中香炉"是中国古代的一种艺术珍品。

西方直到1500年，才有了类似的设计，是文艺复兴时期意大利著名的画家达·芬奇完成的，比我们的祖先晚了1600年。到16世纪时，意大利人希·卡丹诺受中国古代香炉设计原理的启发，制造了陀螺平衡仪，并首先把它应用于航海业上，这对世界航海业的发展起了巨大的推动作用。

三 医学之花

1. 针灸疗法的创造与发明

针灸就是在中医学中，采用针刺或火灸人体穴位的方法来治疗疾病，它是中医的特殊疗法，是我国古代人民在医学上一项伟大的发明创造，也是联合国教科文组织认定的人类非物质文化遗产代表项目之一。

针法就是用金属制的针来刺人体的相应穴位，再用搓捻、提插、留针等手法，调整人体气血的运行。灸法就是把艾绒制成艾条，点燃后用于温灼人体特定穴位的皮肤来治疗疾病。人们常常把针法与灸法结合起来，按照经络的穴位来使用，所以称为针灸。

针灸疗法最早记载在《黄帝内经》中："藏寒生满病，其治宜灸。"也就是说当时人们已经能用灸术来治病了。书中详细记述了九针的形制，还有大量的针灸理论与技术呈现。两千多年来，针灸在中医治疗中一直占有重要地位，后来又传播到世界各地，它的疗效被许多国家的人们所认可。

针灸图

其实，针刺疗法早在新石器时代就产生了。原始社会时期，人们的生产、生活水平低下，常年居住在阴暗、潮湿的环境里，因此人们的外伤不断，风寒湿痹等疾病成为常见的病症。为了生存，人们就创编了舞蹈来预防这些常见病。后来，古人还注意到，如果用一些尖利的石块来按摩身体的某些部位，或人为地刺破身体使之出血，疼痛感就会明显减轻。于是古人就慢慢磨制出了一些比较精致的、适合刺入身体某一部位以治疗疾病的石器，这种石器就是古书上提到的最古老的医疗工具砭石。砭石在当时还常用于伤口的感染排脓，所以又被称为"石针"。在《山海经》中就有关于石针的最早记载："有石如玉，可以为针。"可见，砭石是后世刀针工具的前身。而灸法是在火被发现和使用之后出现的。在长期的生活实践中，人们渐渐发现当身体某个病痛的部位经过火烧灼后，病情会慢慢好转，所以古人就学会了进行局部热熨来治疗疾病。经过不断的探究，古人发现灸治的最好材料，就是使用易燃而具有温通经脉作用的艾叶，灸法也就和针刺一样，成为防病治病的重要方法。

在古代，人们在医治疾病的过程中，发现针灸疗法具有独特的优势：操作方法简便易行，适用的范围比较广，价格便宜，疗效快而显著。唐朝时期，中国的针灸技术就传到了周边的朝鲜半岛和日本。从此，针灸开启了迄今为止长达千余年的全球化之旅，并在世界上140多个国家和地区开花结果，针灸也因此成为我国对外传播的十分独特的文化现象。

针灸疗法是中华传统医学的重要组成部分，也是中医中最具特色的部分。它蕴含着中华民族特有的博大精深的文化精髓，也凝聚着中华民族独有的强大生命力与创造力，是中华民族智慧的结晶，我们有责任和义务把它更好地使用和传承下去。

2. 四诊法的发明

"望、闻、问、切"四诊法是战国时期的名医扁鹊发明的，他被后人誉为"脉学之宗"。四诊法是中医诊病的基本方法，直到今天，这四种诊病的方法在中医界依然被推崇并广泛使用，成为中医大夫治病的法宝。

四诊法是扁鹊根据前人的经验和他自己多年的探索实践，发明出来诊断疾病的四种基本方法。在长期的行医过程中，扁鹊发现病人在得病后无论是体质还是心理都会发生变化。他认为诊断疾病不能急于求成，盲目治疗，而要先通过望诊，即观察病人外表的神、色、形、态，以及各种排泄物等，来推断病人所患疾病。扁鹊认为望诊是对症下药的第一要务，是诊断治疗疾病的重中之重，所以把它列为四诊之首。其次是闻诊，就是通过嗅病人散发出来的体味、口臭等气味，来断定病人生病的具体情况。再次是问诊，就是详细询问病人的感受，了解病人的症状、疾病的发生和发展等情况。最后是切诊，也叫脉诊或触诊，就是用手指切按病人手腕处的寸口桡动脉处，通过病人脉搏的频率、搏动的强度等，掌握病人的体表脉象，了解病人所患病症的内在变化，查看病情的轻重。有时医生还会用手触摸病人的体表病变部位，来察看病变部位的大小、硬软等，以便更好地辅助诊断病症。扁鹊形象地把四诊法称为望色、听声、写影和切脉。扁鹊还强调以上四种诊断疾病的方法不能单独使用，要相互配合，才能准确诊断出疾病。现代中医诊断也重点强调要"四诊合参"，才能做出全面科学的诊断。

扁鹊高超的诊断技术，从史书中记载的一些治病案例中充分体现出来。据《史记·扁鹊仓公列传》记载：扁鹊拜见蔡桓公时，通过望诊判断出蔡桓公患上了疾病，病情很轻，病症只不过在体表纹理的部位。于是他就劝说蔡桓公接受治疗，如果不及时治疗，病情将会加重。当时的蔡桓公没有任何感觉，他认为医生就喜欢给没病的人治病，把治病作为自己的功劳！所以他拒绝了治疗。过了10天，扁鹊再次拜见蔡桓公时，还是通过望诊判定蔡桓公的病情有所发展，已深入到皮肤和肌肉里了，于是再次劝说蔡桓公接受治疗，不然病情会发展更快。此时的蔡桓公心中很不高兴，认为扁

切诊图

鹊是在有意炫耀自己的医术，骗取钱财，断然拒绝治疗。又过了10天，当扁鹊第三次拜见蔡桓公时，认为他的病情已恶化到了肠胃，还是苦口婆心地劝说蔡桓公要及时治疗，否则将难以治愈。此时的蔡桓公勃然大怒，认为扁鹊疯了，更是不予理睬。10天后，当扁鹊第四次拜见蔡桓公时，通过望诊，断定蔡桓公的病情已发展到骨髓深处，根本无法救治了。这一次扁鹊什么也没说，转身就走。蔡桓公很纳闷，特意派人去问他缘由。扁鹊说："在皮肤纹理间的病，用热水敷就可以缓解了；在肌肤里的病，用针刺就可以治疗；在肠胃里的病，可以用汤药治愈；而在骨髓里的病，靠医药是无法救治的。现在蔡桓公的病已深入骨髓，所以我不能再过问了。"果然不出所料，5天后，蔡桓公的身体开始疼痛，急忙派人去寻找扁鹊，可是扁鹊早已逃到秦国去了，蔡桓公最终因病不治而亡。此病例说明扁鹊医术相当精湛。

又据《史记·扁鹊仓公列传》记载：有一次扁鹊在晋国行医，恰巧赵简子患上了重病，当地医生无能为力，导致赵简子昏迷5天，病情十分危急。扁鹊听说此事后，并没有避而远之，而是主动请缨前来救治赵简子。扁鹊先通过切脉，摸到赵简子的心脏并没有停止跳动，这让他喜出望外。于是他赶紧询问赵简子的家人，了解到当时晋国的政治局势一片混乱，赵简子为此昼夜操劳。扁鹊断定赵简子是因为过度疲劳而暂时昏厥，并没有生命危险。然后他根据自己的判断，开出了药方。当时赵简子的家人还半信半疑。经过3天的精心治疗，赵简子的病竟奇迹般好了。这足以说明，扁鹊的四诊法是科学的、行之有效的，而且扁鹊对四诊法也是非常精通的。

古代中医学认为，人体的各种脏腑器官在生理和病理上是相互联系、相互影响的，中医可以通过四诊法，观察患者外在的病理表现，揣测内在脏腑的病变情况，从而由表及里做出正确的诊断。这也说明四诊法有着深厚的科学基础。四诊法自创立以来，得到了不断的发展和完善，成为我国传统医学文化的瑰宝。

3.《黄帝内经》

《黄帝内经》又称《内经》，是我国现存最早的中医典籍，居于中国传统医学四大经典著作之首。此书相传是黄帝所作，所以称为《黄帝内经》。根据《汉书·艺文志》记载，《黄帝内经》实际上成型于西汉，其作者并非一人，而是在长期流传过程中，经许多医家之手编撰成的。此书以"黄帝"来冠名，就是为了说明中国古代医药文化起源很早。

《黄帝内经》在黄老道家理论基础上建立起中医学上的"阴阳五行学说""藏象学说""病因学说""养生学说""药物治疗学说""经络治疗学说"等，是对中国影响最大的医学著作之一，被称为"医之始祖"。《黄帝内经》是由《素问》和《灵枢经》两部分组成的。其中《素问》共81篇，论述的内容十分丰富，主要包括脏腑、经络、病因、病机、病证、诊法、养生防病、运气学说、治疗原则以及针灸按摩等中医学内容。《灵枢经》共81篇，是《素问》的姊妹篇，内容与之大体相同。除了论述脏腑功能、人体生理、病因、病机、病理、诊断、治疗等内容之外，还翔实地阐述了经络腧穴理论和针具、刺法及治疗原则等，为后世针灸学的发展奠定了坚实的基础。

《黄帝内经》全面总结了秦汉以前的医学成就，不仅从宏观上论证了人的生命规律，而且还创建了相应的医学理论体系和防治疾病的原则和技术，蕴含着医学、哲学、政治、天文等多个学科的丰富知识，是一部围绕生命问题而展

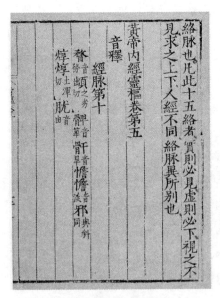

《黄帝内经》节选

开综合论述的百科全书。此书充满古代朴素唯物辩证法思想的智慧火花，辑录了古代医书上的大量解剖学知识，提出了许多重要的理论原则和学术观点。这是中国医学由经验医学上升为理论医学的重要标志，为后世中国医学的发展奠定了基础，并提供了理论指导。正是由于《黄帝内经》的理论都是在长期的大量实践中总结出来的，又不断在实践中得到发展和升华，因此，历代医家都非常重视对《黄帝内经》的学习与研究。

《黄帝内经》所确立的独特养生防病视角，对于现代中医临床仍然具有非常重要的指导意义，因此被后世奉为"经典医籍"，为中医学者的必读之书。《黄帝内经》是中华民族宝贵文化遗产的重要组成部分，在中华民族的医学长河中具有永恒的价值和极为重要的影响力。

4. 神奇的麻沸散

华佗是我国东汉时期的名医，他最早发明了麻醉药，当时名叫麻沸散。

在《后汉书·华佗传》中有这样的记载："若疾发结于内，针药所不能及者，乃令先以酒服麻沸散，既醉无所觉，因刳（kū，剖开）破腹背，抽割积聚（肿块）。若在肠胃，则断截湔（jiān，洗涤）洗，除去疾秽（病变污秽的部位），既而缝合，傅（敷）以神膏，四五日创愈，一月之间皆平复。"意思就是说，病人体内发生了针药都不能解除的病症，华佗就让他先用酒冲服麻沸散，等到药力发作时，病人就会渐渐失去知觉。在病人昏睡时，华佗就剖开病人的病变部位，取出淤积的肿块。如果病在肠胃内，华佗就用锋利的刀子将病人腹部剖开，剪掉有病变的地方，消毒清洗干净后，放回原位缝合好，然后再敷上生肌收口的药膏。快则一周，慢则一个月，病人就恢复了健康。这是医学史上的创举，是华佗为人类医学做出的重大贡献之一。那么，华佗是如何做出这一伟大发明的呢？

东汉末年，战火纷飞，再加上天灾人祸，许多士兵和老百姓受伤

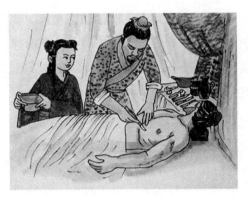

华佗行医治病图

或得病。当时华佗已经是很有名气的外科医生,于是他们纷纷前来请他医治。

有些人的伤病非常严重,华佗为保住他们的性命,不得不进行手术。可是,那时没有麻醉药,每次进行大手术时,病人因忍受不了痛苦,难免叫喊,甚至晕厥过去!华佗为了减轻病人的痛苦,不停地做着试验,但每次总是收效甚微,这就更激发了他探索下去的决心。

有一次,华佗为一位病人做手术,前后忙活了几个时辰,终于把病人从死亡线上拉了回来。手术后,筋疲力尽的华佗空腹多饮了几杯,一下子酩酊大醉,不省人事了。他的妻子当时很害怕,就用扎银针的办法进行抢救,可是华佗仍没有什么反应,好像失去了知觉似的。他的妻子更着急了,便去摸华佗的脉搏和心跳,发现一切正常,这才放了心。过了两个时辰,华佗醒过来后,其妻就把他喝醉后的经过讲了一遍,华佗听了很惊奇,这也激发了他的灵感——酒有让人麻醉的作用。之后,华佗再给病人动手术前,总叫病人先喝些酒来减轻痛苦。可是后来他又发现,有的重病患者,手术需要很长时间,有时患者酒醒之后还是疼痛难忍。看来只用酒来麻醉患者还是不能解决问题,这让华佗又陷入沉思中。

又有一次,华佗在行医时,碰到一位奇怪的病人:那人躺在地上牙关紧闭,翻着白眼,口吐白沫,一动不动。让华佗百思不得其解的是,他的脉搏和体温都正常。病人到底患上了什么病呢?华佗急忙询问他的病情,病人的家属说:“他的身体一向很健壮,可能是今天他误吃了几朵臭麻子花,才弄成这样的。”华佗拿过臭麻子花闻了闻,气味有点怪,放在嘴里嚼了嚼,顿时觉得头晕眼花,站立不稳。华佗感叹道:“好大的毒性呀!”同时,他也意识到这种花具有麻醉的作用。于是，华佗把病人救过来后，就找来很多臭麻子花，反复研制麻醉药。为确保疗效，他进行了无数次试验，甚至不惜以身试药。功夫不负有心人，麻醉药终于试制成功了！后来在不断的实践中，华佗又发现，如果把研制出的麻醉药和热酒配合使用，麻醉的效果会更好。因此，华佗就给它取名"麻沸散"。

麻沸散是外科手术史上一项具有划时代意义的贡献，得到了国际医学界的认可，对后世产生了深远的影响。直到19世纪中叶，欧洲才用麻醉药来为病人做手术。

5. 张仲景和《伤寒杂病论》

张仲景是我国东汉时期的名医，被后人尊为"医圣"。他著的《伤寒杂病论》一书，是我国乃至世界医学史上的经典名著。

张仲景出生在一个没落的官宦家庭里。他天资聪颖，笃实好学，从小就饱读了大量的书籍，从书中找到了无限的乐趣，并且爱上了医学。从此他发奋研究医学，立志成为救死扶伤的一代名医。

据史料记载，张仲景当过长沙太守。当时正值疾病流行，为了帮助百姓解除病

张仲景像

痛，他在大堂上为民众置案诊病，这就是医生"坐堂"之称的由来，也是中医药店多称"堂"的原因。还有一个传说：有一年冬天特别冷，很多穷苦百姓忍饥受寒，耳朵都冻坏了。于是张仲景就叫弟子在南阳东关的一块空地上搭起医棚，架起大锅，向穷人舍药治伤。羊肉是祛寒滋补的绝好材料，为配合药物达到最佳效果，张仲景就把羊肉和一些祛寒药材切碎，用面皮包成耳朵状的"娇耳"，煮熟后分给病人吃。在张仲景的帮助下，老百姓从冬至到除夕连续吃了一段时间的"娇耳"，耳疾就渐渐治好了。大年初一，人们为庆祝耳疾康复，感

恩张仲景，就仿照"娇耳"的样子做成过年吃的食物来庆祝。这就是饺子的来历。

东汉末年，战乱频繁，民不聊生，再加上伤寒、瘟疫肆虐，很多人死于非命。这更坚定了张仲景弃官从医的决心。他师从当时医术很高的同族叔叔张伯祖。因他聪慧好学，又勤于钻研，张伯祖就把自己的医术毫无保留地传给了他。得到名师的真传，张仲景的医术从此名震一方。在他成名之后，仍是好学不倦，刻苦攻读了《黄帝内经》等很多古代的医书，勤求古训，博采众方，甚至民间药方他都收集，然后一一加以研究，通过自己的实践来求证药方的真实性。张仲景凝聚毕生心血，收集整理了大量治疗伤寒的药方，并结合自己的实践经验，终于创造性地著成了《伤寒杂病论》。

《伤寒杂病论》经晋代名医王叔和等整理，分成《伤寒论》和《金匮要略》两部。《伤寒论》共22篇，把霍乱、痢疾、流行性感冒等急性传染病列为伤寒诸症，然后因病施治。此书奠定了中医治疗学的基础。《金匮要略》共25篇，汇集了各种杂病医方，论述了内科、外科、妇产科等各科40多种疾病，记载了数百个药方。书里还论述了疾病发生的各种原因，主张早期防治；并创造性提出了"治未病"理论，提倡要预防疾病。

《伤寒杂病论》是中国最早的一部结合理论与实践的临床诊疗专著。《伤寒杂病论》成书后，被公认为中国医学方书的鼻祖。

6. 起源于中国的人痘接种术

天花又名痘疮，是一种传染性较强的急性发疹性疾病。在古代天花患者死亡率非常高，即使保住性命，也会在脸上留下疤痕，严重损坏容貌。天花的流行和泛滥，激发了古代医学家的灵感和智慧，最终发明了人痘接种术。人痘接种术的发明，同"四大发明"一样，也是对人类的伟大贡献之一。医学专家的研究证明，人痘接种术最早起源于中国。

天花大约是在汉代传入我国的。长期以来，人们一直没有找到有效的防治措施。我国古代人民在同这种猖獗的传染病做斗争的过程中，经过长期的观察发现，如果一个人曾得过天花，那么他在很长时间内不会再得此病，甚至可能终生不再得这种病；即使再得了此病，症状多半也比较轻。所以，治愈这种病就可以用"以毒攻毒"的方法。也就是说，如果事先给一个人接种一种致病物质，他就有可能对这种疾病产生免疫力。于是人痘接种术诞生了。晋代著名的药学家葛洪曾在他著的《肘后备急方》一书中对天花及其具体的治疗方法做了记载，这是世界上最早的关于天花的记载。

我国古代人民发明的人痘接种法，根据有关资料记载，主要有以下四种：第一种是"痘衣法"。这种方法就是把得过天花的患儿曾穿过的贴身内衣，给未出过痘的健康小孩穿上两三天，目的就是让被接种者传染上天花。被接种者一般在穿衣之后9~11天时开始发热，出痘症状较缓，不至于发生生命危险，这说明种痘成功。但此法成功率较低。第二种方法是"痘浆法"。这种方法就是采集天花患儿身上脓疱痘的浆液，然后用棉花蘸上一点，直接塞入被接种者的鼻孔内，使其被传染而引起发痘，达到预防接种的目的。因当时大多数人不愿接受这种方法，所以此法在古代用得也很少。第三种方法是"旱苗法"。这种方法就是把天花患者脱落的痘痂放在一起，研磨成细末状，送入被接种者的鼻孔，以达到种痘预防天花的目的。被接种者一般到第7天的时候就开始发热，这说明种痘已成功。这种方法因为在往鼻孔内吹入粉末时，刺激鼻黏膜而导致鼻涕增多，会减弱痘苗的功效，后来也不常使用了。第四种方法，就是和"旱苗法"有异曲同工之妙的"水苗法"。这种人痘接种法就是把20~30粒痘痂研成细末，然后用净水或人乳调匀，用新棉花包起来塞入被接种者的鼻孔内，12小时后取出。被接种者通常在第7天时发热见痘，这就表明种痘成功了。用这种办法进行人痘接种，相对更安全，可有效达到预防天花的目的，因此，"水苗法"就成为当时人痘接种效果最好的一种。

上述四种方法中，虽然"旱苗法"和"水苗法"比"痘衣法""痘浆法"有所改进，但仍然是靠人工方法来感染天花，所使用的也都是人身上自然发出的天花的痂，所以这种"时苗"的毒性仍很大，有一定的危险性。后来人们在长期的实践中又发现，如果用接种多次的痘痂作为疫苗，那么毒性就会减弱，接种后会比较安全。此种方法在清代的《种痘心法》中就有记载："其苗传种愈久，则药力之提拔愈清，人工之选炼愈熟，火毒汰尽，精气独存，所以万全而无害也。"由此可见，当时人们对人痘苗的选育方法，与今天用于预防结核病的"卡介苗"定向减毒选育，让菌株毒性汰尽，抗原性独存的方法，是完全一致的，符合现代制备疫苗的科学原理。我国发明人痘接种，这是对人工特异性免疫法的一项重大贡献，也是我国对世界医学的一大贡献。

人痘接种法，是人类免疫学的先驱。从清朝康熙二十七年（1688年）开始，这种技术先后传播到俄国、朝鲜、日本、阿拉伯和欧洲、非洲等地。受到中国人痘接种法的启发，在1796年时，英国人琴纳又发明了牛痘接种法。因为牛痘比人痘更加安全，所以此方法在全世界得到更快的传播，并于1805年又传入我国。从此牛痘逐步代替了人痘，种痘技术得到了改进。1979年10月26日，世界卫生组织宣布全球消灭天花。对此，中国人痘接种法有其不可磨灭的历史功绩。

7. 孙思邈与《千金方》

孙思邈是我国唐代著名的医学家和药物学家。他写了一部医药学巨著《千金方》，书中辑录了唐代以前的医学成就，内容丰富，是我国医学发展史上承前启后的伟大著作。

孙思邈自幼体弱多病，历尽疾病折磨之苦，甚至有一次大病使他奄奄一息，多亏一位采药人使用偏方救治，他才得以活命。为了求医问药，家中几乎花尽积蓄。于是他便立志学医，要拯救自己和穷苦人脱离病痛苦海。他自幼聪明过人，刻苦好学，7岁时就有"圣童"之称，20岁时就精通老庄之学，探索养生术，在医学上也负有盛名。隋文帝、唐太宗、唐高宗曾先后请孙思邈做官，均被他谢绝。他最终选择了"济世活人"的事业，坚持行医，为民治病。他主张行医不要贪求财物，对病者要有爱护之心，无论贫富贵贱，都一视同仁。为提高自己的医术，他曾长期隐居在太白山里研究道家经典，博览众家医书，研究古人的医药方剂。为了解中草药的特性，他不辞辛苦，历经磨难，走遍了深山老林，并以身试药，多次差点丢了性命。为完成自己的心愿，他始终坚持着。他还十分重视民间的医疗经验，遍访名医，及时记录药性和药方。孙思邈在医疗实践过程中，深感当时的方药本草书籍太多，查找不易，就决定博采群经，删繁就简。经过长期坚持不懈地钻研积累和行医实践，他终于完成了不朽的医学著作《备急千金要方》。

孙思邈像

　　《备急千金要方》又称《千金方》。孙思邈认为人生命的价值贵于千金，而一个处方就能救人的性命，所以取"千金"为书名。全书共30卷，内容非常丰富。孙思邈十分重视医德，所以把《论大医习业》《论大医精诚》列为书中的前两篇，这是中医伦理学的基础。《千金方》是一部科学价值较高的综合性医疗著作。书中记载了800多种药物和5000多个药方，其内容涉及药物学、养生、食疗、内科、传染病、外科、骨伤科、妇产科、小儿科、五官科等，并列举了一些医方，作为养生、临床处方治疗时的参考。其中很多方剂，至今仍在沿用。在长期的行医实践中，孙思邈感觉到《千金方》不够完善，又写成了另一部医学巨著《千金翼方》，这是对《千金方》内容的补充和完善，对伤寒、中风、杂病和疮痈做了十分详细的论述。孙思邈的这两部书，是对唐代以前我国医学的集大成，在我国古代医学发展史上占有非常重要的地位，对后世医学发展产生了重大的影响。

　　孙思邈还十分重视妇幼的保健、护理。在书中有《妇人方》3

卷、《少小嬰孺方》2卷，为我国古代妇科、儿科的独立和发展做出了贡献。由于孙思邈在中医中药方面的巨大贡献，所以后世尊称他为"药王"，并把他常去采药的山（位于今陕西耀州东部）称为"药王山"。在全国许多地方也都有纪念他的庙宇祠堂，人称"药王庙"。

孙思邈以自己的聪明才智和毕生的精力谱写了中华医学史上的光辉篇章，成为中外医学史发展长河中的一颗璀璨夺目的明珠，千百年来一直受到人们的高度赞誉。

8. 李时珍与《本草纲目》

中国古代医学源远流长，有很多流传千古旷世之作，《本草纲目》就是其中之一。此书的作者是明代卓越的医药学家李时珍。

李时珍出身于医学世家，很小就对医药学产生了浓厚的兴趣。他14岁时就考中秀才，后来参加举人考试失利，决心专攻医学。从此，李时珍埋头钻研了大量的古代医药学书籍和经史子集，这使他的医术大有进步，名声远扬。他一面行医，一面收集大量的医学资料，并写下了大量的读书札记。在长期的行医实践中，他发现古代的药物学著作不但分类杂乱，而且有不少错误，漏载的药物也很多。因此，他决

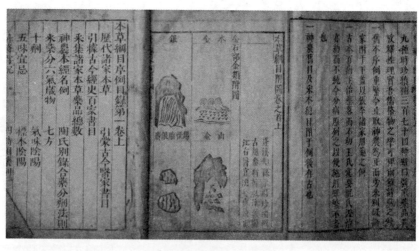

《本草纲目》内容节选

心编写一部比较完善的药物学著作。为编好这本书，他开始到全国各地实地考察，广泛采集药物标本，向有实际经验的药农虚心请教，收集民间药方，积累了大量的资料和经验。他把所掌握的药方疗效和各种药材的性能，不断用于临床试验，逐一验证疗效的真实性。李时珍还不惜以自己的生命为代价，亲自尝试药性。有一次，他在乡间行医时听说曼陀罗花用酒吞服，就会使人麻醉，于是他不畏高山险阻，登上武当山，从悬崖峭壁上采回了这种花，然后亲自尝试，最终证明了它确实有麻醉的功效。还有一次他听说太和山（武当山）上的榔梅果被道士们说成是长生不老的仙果，每年采摘后专门进贡皇帝，严禁百姓采摘，否则就要治罪。李时珍认为这是无稽之谈，又没证据，就冒着生命危险，偷偷摘来一颗品尝，想看看它到底有什么功效，结果他发现这榔梅果和其他的果实并没有什么大的区别，只有生津止渴之功效罢了。

李时珍经过27年的潜心研究，参阅了800多种医药著作，三易其稿，终于在晚年写成了一部总结性的药物学巨著《本草纲目》。这部书内容丰富，考订翔实，共有190多万字，收入药物1800多种，医方10 000多个，还附有大量的插图。《本草纲目》按照动物、植物、矿物等比较科学的分类法分类，打破了明代以前传统的药物学三品分类法，把中药分类学向前推进了一步。他所创造的这种科学的分类法，比西方早了150多年。

《本草纲目》这部书当时并未受到朝廷的重视，但刊行后广泛流行，后来还被翻译成多国文字传到国外，成为世界医药学的重要文献。西方医学界把这部书称为"东方医学巨典"，给予它高度评价。

四 天文历法之奇

1. 农历的来历

农历是我国的传统历法，这种历法相传创始于夏代，所以又称夏历。

我们通常也把农历说成阴历，其实农历属于一种阴阳历，它用严格的朔望周期来定月，又用设置闰月的办法平均年的长度，规定为一个回归年，即地球绕太阳的周期，是365.2422天。阴历的一日，是地球绕太阳自转一周的时间。农历把日月合朔（太阳和月亮的黄经相等）的日期作为月首，即初一。阴历的一月，就是以月亮的圆缺为标准，把月亮圆缺一次的时间定为一个月，朔望月的平均长度约为29.53059日。为弥补计算时间时的不便，大月定为30天，小月是29天，大小月隔月循环使用。农历把12个月作为一年，共有354天或355天，与回归年相差11天。如果这样一年一年地相差下去，今年的春节是在冬天，那么16年后就会变成夏天过春节了。为解决这个问题，于是就在19年里设置了7个闰月来协调，这样两者就相差不多了，月份和季节也可以保持大体一致，这就是阴历设置闰月的原因。而闰月的设置是由二十四节气决定的。二十四节气主要是用来反映季节（太阳直射点的周年运动）的变化特征，所以又有了太阳历，即阳历。农历我们现在仍然在使用，主要用来推算传统的节日，如春节、中秋节、端午节等，现在还有很多地方的人们过生日也在使用农历。

在夏历中还有个非常重要的组成部分，就是节气。节气是和地球绕太阳运动轨道的位置密切相关的。节气是从立春开始的，一个太阳

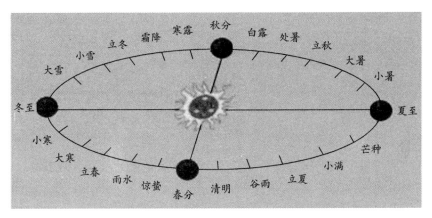

二十四节气图

年是两个立春之间的时间，约365.2422天。根据太阳的位置，把一个太阳年分成二十四个节气，主要是安排农业种植等活动的，对于农业生产有着重要的指导意义。

由此可见，阴历的"年、月、日"不仅仅是一个数字记录，而且客观地反映了太阳、月亮和地球之间的相互作用关系。夏历既符合了月（朔望月），又符合了年（回归年），可以说是人类历史上最科学的历法之一。

2.《甘石星经》

在战国时期，楚人甘德、魏人石申各写过一部天文学著作，对天象做了大量的观测记录，后人把这两部著作合二为一，称为《甘石星经》。这不仅是中国古代最早的天文学专著，也是世界上现存最早的天文学著作。

春秋战国时期我国在天文学方面取得了辉煌的成就，涌现出一大批天文学专著和关于天文观测的记录。其中最著名的就是楚国天文学家甘德所著的《天文星占》8卷，以及魏国天文学家石申所著的《天文》8卷。这两部著作一开始都是在本国内独自刊行的，到汉朝时也是各自刊行，只是后来人们才将这两部著作合二为一，定名为《甘石

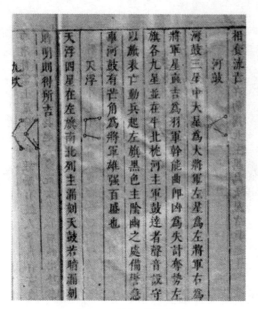
《甘石星经》内容节选

星经》。书中详细地记载了系统观察到的金、木、水、火、土五大行星的运行情况以及它们的出没规律；记录了800多个恒星的名字，其中测定了121颗恒星的方位，并划分其星官。后人还把甘德和石申测定恒星的记录称为《甘石星表》，这也是世界上最早的恒星表。另外，书中还科学描述了日食、月食出现的原理。后人为纪念石申的发现，还用他的名字命名了月球上的一座环形山。

可惜的是《甘石星经》在宋代就失传了，现在只能在唐代的天文学书籍《开元占经》里看到它的一些片段摘录，在南宋晁公武写的《郡斋读书志》书目中找到它的梗概。《甘石星经》在我国和世界天文学史上都占有重要地位，对后世天文学的发展起了巨大的推动作用。

3. 二十四节气

> 春雨惊春清谷天，夏满芒夏暑相连，
> 秋处露秋寒霜降，冬雪雪冬小大寒。
> 上半年是六廿一，下半年来八廿三，
> 每月两节日期定，最多相差一二天。

这是大家耳熟能详的《二十四节气歌》。早在战国时期，人们就测定出一年有二十四个节气。二十四节气主要是为了便于安排农业生产而订立的一种补充历法，是古代劳动人民长期生产经验的积累和智慧的结晶。这是中国历法史上的重大成就。

二十四节气是我国古代劳动人民长期对天文、气象、物候进行观察、探索、总结的结果，对农事具有相当重要和深远的影响。早在春秋时期，人们就已经有春夏秋冬四季的观念了，还出现了用"土圭"（古人用来测量日影的仪器）测日影的办法，测定出了春分、夏至、秋分、冬至四个节气。到了战国时期，魏人石申编制了一张包括二十八星宿和金木水火土五大行星运行关系的星图表，这是全世界第一张星图表，标志着中国的天文学进入一个新时代。在这一时期，天文学家又确立了二十四节气，并有完整的关于二十四节气的记载，名称基本上与现在一致。后来古人又根据季节的具体变化，将节气的次序做了调整，到战国末期，二十四节气的顺序已与今天完全相同了。

所谓的二十四节气，就是根据地球在绕太阳公转轨道上的位置划分的，也是气候冷暖的反映。太阳从黄经零度出发，每运行15度走的天数称为"一个节气"；每年运行360度，即运行一周，要经历24个节气，每月有2个节气。其中，每月第一个节气为"节气"，即立春、惊蛰、清明、立夏、芒种、小暑、立秋、白露、寒露、立冬、大雪和小寒等12个节气；每月的第二个节气为"中气"，即雨水、春分、谷雨、小满、夏至、大暑、处暑、秋分、霜降、小雪、冬至和大寒等12个节气。"节气"和"中气"交替出现，每个节气约间隔半个月的时间，分列在十二个月里面。现在人们把"节气"和"中气"统称为"节气"，所谓"气"就是气象、气候的意思。这就是二十四节气的由来。

只要掌握了二十四节气，人们就便于安排农事活动和有关季节气候的生活。自从西汉起，二十四节气历代沿用，指导农业生产不违农时，适时播种和收获等农事活动。这是中国独有的科技成果，几千年以来，一直深受中国农民的重视。二十四节气来自农事，又服务于农事，极大地推进了中国农业的发展。

4. 圭表的用途

圭表是我国古代发明的度量日影长度的一种天文仪器。它由垂直的"表"和水平的"圭"两部分组成。表就是垂直立于平地上测日影的标杆，圭就是正南正北方向平放的测定表影长度的测影尺。

据考证，商周时期，人们在生活中就观察到房屋、树木、石柱等物体在太阳光的照射下会投出影子，而且这些影子的变化是有一定规律可遵循的。于是人们便在阳光下的平地上竖立一根杆子或柱子，来观察其影子的变化情况，然后测量不同影子的长度和方向。经过长期的观测比较，古人得出了结论，一天中表影在正午最短，在日出或日落时最长，由此就可以推算出时辰了。不仅如此，在长期的观测中，他们还发现一年内夏至的正午，烈日高照，表影最短；冬至的正午，太阳斜射，表影最长。他们还发现正午时的表影总是投向正北方向，于是就把石板制成的测影尺平铺在地面上，与立表垂直，尺子的一头连着标杆，另一头则伸向正北方向，这把测影尺就是圭。当太阳照着表的时候，圭上就会出现表的影子，根据影子的方向和长度，就能读出时间了。由于圭为南北方向，当太阳自东向西运行时，只有正午时分，表的影子才会正好投射到圭上。再就是，当地球公转时，由于北半球阳光直射点的南北移动，同一地点得到的每天正午的表影长度都不一样。那么根据表影长度的变化规律，就可以确定一年的长度和二十四节气了。使用圭表测量连续两次日影最长和最短之间所经历的时间，就可以计算出回归年的长度。所以早在春秋时代，人们就已经知道一年有365天。

圭表作为一种最古老最朴

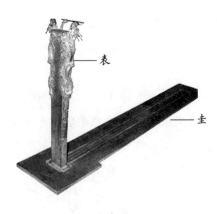

圭表图

实的天文仪器，主要是根据日影的长短和方向来测定季节，确定回归年长度和冬至日所在，进而通过观测表影的变化来确定节气和推算历法等。圭表虽然能够计时，但功能有限，一天之中只能确定正午的准确时刻。以太阳在天空中的位置来确定时间，这是很难精确的。于是，古人又开始对圭表进行改进，创制出计时功能更强的装置——日晷。

5. 日晷

日晷又称"日规"，是我国古代利用太阳的投影方向来测定并划分时间的一种计时仪器。按字面意思来讲，日指的是太阳，晷表示影子，日晷就是指太阳的影子。

日晷通常由铜制的指针和石制的圆盘组成。指针叫作"晷针"，它垂直地穿过圆盘的中心，相当于圭表中的立竿，因此又叫"表"，石制的圆盘叫"晷面"。晷面上有时间刻度，它的正反两面各刻画出12个大格，代表子、丑、寅、卯、辰、巳、午、未、申、酉、戌、亥12个时辰，每个大格又等分成两格，代表"时初""时正"两个小时，这样，12个大格就代表了一天的24个小时。由于晷针垂直于盘面，当太阳光照射在日晷上时，晷针的影子就会投向晷面上的刻度。太阳由东向西移动时，投向晷面的晷针影子也会慢慢地由西向东移动，这样通过晷针日影在盘面上的方向，就能测定时间了。可见移动的晷针影子就像现代钟表的指针，晷面则相当于钟表的表盘，以此来显示时刻。

因盘面安置的方向不同，日晷有许多种不同的形式，大体可分为地平式日晷、赤道式日晷、子午式日晷、立晷、斜晷等。由于从春分到秋分的时间，太阳总

日晷

是在天赤道的北侧运行，所以，晷针的影子投向晷面上方，正好指向北天极；从秋分到春分的时间，晷针的影子投向则正好相反。因此，在观察日晷时，首先要了解这两个不同时期晷针的投影位置，春分后看晷盘的上面，秋分后看晷盘的下面，才能较准确地解读时间。

由于日晷要依赖于阳光的照射，所以在阴雨天和夜里就没办法使用了，这样就需要有其他种类的计时器如水钟等，和它配合使用。另外，用日晷来计时也不是太准确。尽管日晷计时存在很多不足，但它的使用把人们带出了无时间意识的混沌生活，也为后世更精准的计时工具的问世带来了曙光。它的出现被人们津津乐道，后来在中国沿用了几千年。

6. 干支纪年法

干支是天干和地支的总称。天干由甲、乙、丙、丁、戊、己、庚、辛、壬、癸等十个符号组成；地支则由子、丑、寅、卯、辰、巳、午、未、申、酉、戌、亥等十二个符号组成。把十"干"与十二"支"相配，可配成六十组，用来表示年、月、日的次序，周而复始，循环使用。

干支最初是用来纪日的，后来多用来纪年。干支纪年法的真正出现和使用是在西汉时期。殷商时使用的不是干支纪年法，而是干支纪日法，即以十"干"和十二"支"交相组合成六十个互不相同的单位，以一个单位代表一日，这是世界上延续时间最长的纪日方法。早期人们只用天干来纪日，可是久而久之，人们发现如果只用天干纪日，每个月仍然会有三天同一干，于是就开始使用天干和地支搭配起来的办法来纪日，后来，干支纪日的办法又渐渐被借鉴来纪年、纪月和纪时。东汉章帝元和二年（85年），朝廷下令在全国推行干支纪年。从此干支纪年固定下来，现在农历的年份仍用干支纪年。

中国的干支纪年就是采用把天干地支作为计算年、月、日、时的方法。把十个干和十二个支按照一定的顺序而不重复地排列组合起来，天干在前，地支在后，天干由"甲"起，地支由"子"起，用来

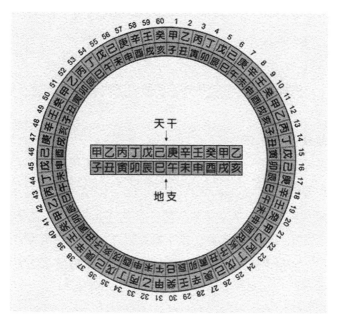

干支纪年法推算法表

作为纪年、纪月、纪日、纪时的符号。把"天干"中的一个字摆在前面，后面配上"地支"中的一个字，这样就构成一对干支。10个天干各排列6次，12个地支各排列5次完成一个循环，正好是60年，也就是我们所说的60年一周期的甲子回圈。如果"天干"以"甲"字开始，"地支"以"子"字开始顺序组合，就可以得到：1.甲子、2.乙丑、3.丙寅、4.丁卯、5.戊辰、6.己巳、7.庚午、8.辛未、9.壬申、10.癸酉、11.甲戌、12.乙亥；13.丙子、14.丁丑、15.戊寅、16.己卯、17.庚辰、18.辛巳、19.壬午、20.癸未、21.甲申、22.乙酉、23.丙戌、24.丁亥、25.戊子、26.己丑、27.庚寅、28.辛卯、29.壬辰、30.癸巳、31.甲午、32.乙未、33.丙申、34.丁酉、35.戊戌、36.己亥；37.庚子、38.辛丑、39.壬寅、40.癸卯、41.甲辰、42.乙巳、43.丙午、44.丁未、45.戊申、46.己酉、47.庚戌、48.辛亥；49.壬子、50.癸丑、51.甲寅、52.乙卯、53.丙辰、54.丁巳、55.戊午、56.己未、57.庚申、58.辛酉、59.壬戌、60.癸亥。

每个干支为一年，六十个干支后，又从头算起，60年一循环，周而复始，循环不息。由甲子开始，满60年我们称之为"六十甲子"或"花甲子"，这就是干支纪年法。可见组成天干地支的二十二个符号错综有序，充满圆融性与规律性，它显示了大自然运行的规律。

7. 张衡的浑天说

浑天说是中国古代的一种宇宙学说，东汉张衡对浑天说的表达最系统、最完整。

张衡自幼刻苦向学，兴趣广泛，自学"五经"，贯通了六艺的道理。他在诗歌、辞赋、散文、算学等方面表现出了非凡的才能和广博的学识，尤其在中国天文学、机械技术、地震学的发展方面做出了不可磨灭的贡献，是东汉中期浑天说的著名代表人物之一。

张衡在他的《张衡浑仪注》中认为，天地的形状像一个鸡蛋，天与地的关系就像蛋壳包着蛋黄，天不是一个半球形，而是一个整圆球，地球就在其中，就如鸡蛋黄在鸡蛋内部一样。天大而地小，天球内的下部有水。天靠气支撑着，地则浮在水面上。可见，张衡在继承和发展前人浑天理论的基础上，在长期的天象实际观测中，根据自己对天体运行规律的认识，而对天象大胆提出了新见解。他的浑天说认为："天球"并不是宇宙的界限，在"天球"之外还应该有别的世界。全天的恒星都置于一个"天球"上，而日月五星都是依附在"天球"上运行的，这一理论与现代天文学的天球概念十分接近。张衡的浑天说还认为，"天球"采用的是球面坐标系，比如赤道坐标系就是用来量度天体的位置，计量天体的运动的。可见，浑天说不仅是一种宇宙学说，而且是一种观测和测量天体运动的计算体系，和现代的球面天文学很相似。张衡还进一步指出，天球围绕天极轴转动时，总是一半在地平面之上，另一半在地平面之下，所以同一时刻我们只能看到二十八宿中的一半。由于天北极高出地平面36度，所以天北极周围72度以内的恒星永不落下，而天南极附近的星群永远不会升起。经他描

国学百科
科技制作

述，一个非常具体的天球模型就呈现在我们面前了。

张衡在长期的研究中，为了帮助人们更精准地理解他的浑天说，就研制了一个"浑天仪"的演示模型。浑天仪是一个可以转动的空心铜球，铜球的外面刻有二十八宿和其他一些恒星的位置，球体内有一根铁轴贯穿球中心，轴的两端象征着北极和南极。球体的外面还装有几个铜圆圈，这代表地平圈、子午圈、黄道圈、赤道圈，赤道和黄道上还刻有二十四节气。只要是张衡当时知道的重要天文现象，都刻在了浑天仪上。为了让"浑天仪"能自动转动，张衡又利用水力推动齿轮的原理，用漏壶滴出来的水推动齿轮，带动空心铜球绕轴旋转。铜球转动一周的速度和地球自转的速度是相同的。这样，人们就能从浑天仪上看到天体运行的情况了，并能和实际天象相验证。

张衡的浑天说不仅能很好地解释当时人们所知道的几乎所有的天文现象，而且还关注了宇宙的生成演化，因此他的浑天说对后世产生了很大影响。

浑天仪

8. 制图六体理论

制图六体理论，是中国最早的地图制图学理论，是魏晋时期的裴秀在他的《禹贡地域图》序中提出的。它是当时世界上最科学、最完善的制图理论。

裴秀是我国历史上一位杰出的地理学家。他精通儒学，多闻博识，晋武帝时官至司空，后任宰相，是当世的名公。裴秀在任司空时，发现《禹贡》中的很多山川地名有了改变，混淆不清，还有一些注释也是牵强附会。于是他开始对《禹贡》中的记载进行详细考订，对记载的山脉、河流、湖泊、沼泽、平原、高原，都一一考察落实。他结合当时的实际情况，甄别古今不同的地方，对于古代曾有但当今不用的地名，都作出了注解。经过他不懈的努力，终于制成了著名的《禹贡地域图》十八篇，成为历史上最早的地图集。这些地图，都是一丈见方，即按照1∶1 800 000的比例绘制而成，地图上还附有古今地名对照，让人一目了然，能很准确、迅速地查找出自己的目标方向。它是当时最完备、最精详、最科学的地图。可惜的是，这套地图集后来失传了，现在我们能见到的，只有后来被保存在《晋书·裴秀传》里他为这套地图集所撰写的序言，它充分体现了裴秀在制图理论上的卓越见解。尤其珍贵的是，在这篇序言中，保存了他的"制图六体"理论。

所谓的"制图六体"就是绘制地图时必须遵守的六项原则，这是裴秀在总结了前人制图经验的基础上提出的。一是"分率"，即今天的比例尺；二是"准望"，即方位；三是"道里"，即两地间距离；四是"高下"，即地势起伏；五是"方邪"，即倾斜角度；六是"迂直"，即河流、道路的曲直。前三条是最主要的通用绘图原则；后三条是因地形起伏变化而必须考虑的问题。这六项原则是相辅相成、密不可分的，是指导绘制地图的重要原则。裴秀提出的这些制图原则，是中国古代唯一的系统制图理论，除经纬线和地球投影外，今天地图绘制考虑的主要问题，他几乎全都扼要地提了出来。所以，裴秀的制

图六体对后世制图工作的影响是十分深远的。

裴秀提出的绘制平面地图的基本科学理论，为编制地图奠定了科学的基础。它不仅在中国地图学的发展史上具有划时代的意义，而且在世界地图学史上也占有很重要的地位。裴秀不愧是中国科学制图学的创始人，英国科学家李约瑟称他为"中国科学制图学之父"。

9. 水运仪象台

众所周知，中国古代有四大发明。其实更确切地说，在造纸术、印刷术、火药和指南针之外，应该还有一项发明，就是开创世界钟表史先河的水运仪象台——世界上第一座天文钟。其发明者就是北宋伟大的科学家苏颂，当时他和《梦溪笔谈》的作者沈括齐名。

水运仪象台是苏颂一生标志性的贡献。宋元祐元年（1086年），苏颂奉宋哲宗的诏命检测各种浑仪，在检测中他突发奇想，能否设计制作出表演天象的仪器和浑仪配合使用？从此他开始罗致人才进行这项工作的研究，并向皇帝推荐了精通数学和天文学的韩公廉，二人共同研制。之后，苏颂充分运用自己丰富的天文、数学、机械学的知识

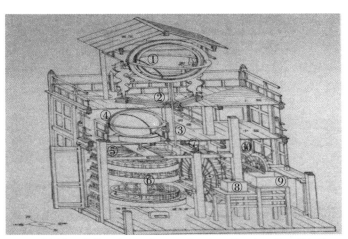

①浑仪　②鳌云圭表　③天柱　④浑象　⑤拨夜机轮　⑥枢轮
⑦天衡　天锁　⑧平水壶　⑨天池　⑩河车　天河　升水上轮

苏颂的水运仪象台

精心设计出方案，韩公廉根据预案写出了《九章勾股测验浑天书》，并制成了大大小小的木样。后来苏颂和韩公廉请了一批能工巧匠按照图纸精心打造，历时3年终于制成了世界上第一座天文钟——水运仪象台。水运仪象台是靠水力来运转的，是集观测天象的浑仪、演示天象的浑象、计量时间的漏刻和报告时刻的机械装置于一体的综合性观测仪器。这台仪器的制造水平堪称一绝，充分体现了中国古代劳动人民的创新精神和聪明智慧。近代钟表的关键部件"天关"（即擒拿器）也是在那时发明的。后来国际科学界对这一发明创造给予了高度评价，认为它是后来欧洲中世纪天文钟的"直接祖先"，从此也奠定了苏颂在世界钟表史上的始祖地位。

苏颂在《新仪象法要》一书中，详细记载了水运仪象台的构造、用法和相关说明。水运仪象台是一个大型的仪器与钟表合一的科技装置，其中高12米，宽7米，相当于现在的4层楼那么高。整个水运仪象台是一座底为正方形、上窄下宽的木结构建筑，共分3层。最上层的板屋内放置着1台浑仪，为了观测方便，屋顶上的板可以自由开启，平时关闭屋顶，以防雨淋。它的构思非常巧妙，是今天现代天文观测室的雏形。中间层是一间没有窗户的"密室"，放置着一架浑象。天球的一半装在地柜里面，另一半露在地柜的上面，靠机轮带动旋转，一昼夜转动一圈，能真实地再现星辰的起落等天象变化。下层又分成了五小层木阁，每小层木阁内均安排了若干个木人，5层共有162个木人。它们各司其职：每到一个时辰（古代把一天分为12个时辰），就会有分别穿着红色、紫色、绿色衣服的木人自行出来摇铃、打钟、报告时刻、指示时辰等。在木阁的后面放置着精度很高的两级漏刻和一套机械传动装置，这里是整个水运仪象台的"心脏"部分，用漏壶的水冲动机轮，驱动传动装置，浑仪、浑象和报时装置便会按部就班地动起来。整个机械轮系的运转是依靠水的恒定流量，推动水轮做间歇运动，带动仪器转动的，所以这台仪器叫"水运仪象台"。

水运仪象台在计时方面的精准，是当时其他仪器所不能比拟的，它一天一夜的误差只有一秒。可惜的是这台大钟表在宋金纷飞的战火中消失了，从此苏颂和水运仪象台成了沉落泥土里的珍珠。如果抖落掉时光留在它上面的灰尘，水运仪象台会像活字印刷术一样璀璨夺目，苏颂的大名也许会像毕昇一样传世流芳。

10. 杨忠辅与《统天历》

宋代不仅是中国有史以来科学技术最强盛的朝代，有印刷术、指南针、火药等重要发明，而且在天文学领域，宋代也取得了辉煌成就。贡献最大的当属北宋中期杨忠辅编创的《统天历》，此历法以365.242 5日为一年，这个数字和现在国际通行的公历一年长度完全一样，只比地球绕太阳一周实际周期差了26秒，却比西方早采用了近400年时间。

中国古代天文学家早在春秋时期就得到了回归年长度为365.25日，

杨忠辅像

并且认为回归年长度是一个亘古不变的恒定值，这种观念到了北宋时由杨忠辅打破了。杨忠辅自幼聪颖好学，尤其对天文历法充满了探究的欲望。他在太史局任职时，就对天文工作精益求精，孜孜不倦，测量出了许多精确的数值。在长期的观测中，他还发现回归年长度是在逐渐变化的，即每过一百年，回归年的长度减少0.000 006 138天或半秒多一点，用现代理论表达则是，回归年长度为365.242 198 781−0.000 006 138t，其中t的单位是百年。早在南宋庆元五年（1199年），杨忠辅就能修订回归年长度，他付出的艰辛努力是可想而知的。到元朝时天文学家郭守敬经过严密推算后，最终确认了杨忠辅创制《统天历》所用的回归年长是365.242 5日，这个数据是当时世界上最为精密的。这是个比较精准的数据，这个数值在今天仍然还在使用。今天通用的公历格里高利，是在1582年才提出，这比杨忠辅确立的数值晚了近400年。

宋代曾经颁发过18种历法，在1199年5月26日，政府最终将杨忠辅测定的《统天历》正式颁布通行全国。杨忠辅编创的《统天历》主要有三个特点：一是使用了比较精密的回归年数值是365.242 5日；二是认为回归年长度不是固定不变的，随着时间的推移逐渐减小；三是取消了上元积年，采用截元术。此外，他所使用的岁差数值和五星会合周期比前人更精密。

要研究天文历法，最基础的问题是首先要确定一年有多少天，因此确定回归年的长度是一个非常重要的问题。而杨忠辅的回归年长度的确立，不仅迎来了中国天文学研究的春天，而且也把世界上的天文学研究推向了顶峰。他对天文学的伟大贡献，是永远值得后人纪念的。

11. 郭守敬的《授时历》

传说黄帝时首创历法，尧帝时已经明确了一年分为四季，有366天，并有闰月的设置。此后中国历朝历代的历法可谓是成就辉煌，硕果累累，其中许多成果还长期领先于世界。春秋末年的"四分历"，确定了从冬至到次年冬至的天数为365.25日，这是世界上最精确的回归年天数数值，虽和罗马颁布的儒略历数值相同，但比儒略历早了500年。在中国古代历史上，虽然优秀的历法很多，但是各种历法使用的时间都较短，只有元朝郭守敬编制的《授时历》使用了364年，成为中国古代历法中实行最久的历法。

郭守敬是我国元朝杰出的天文学家、数学家和水利工程专家。他出生在书香门第，从小勤奋好学，爱动脑，勤于思考问题。他的祖父郭荣很有学问，精通数学和水利，经常搞一些设计，在潜移默化中就培养了郭守敬的动手能力。当时仅有15岁的郭守敬，就仿制成了自北宋以来失传的一种计时比较精确的计时器"莲花漏"。后来这个漏壶被改称为"宝山漏"。郭守敬在将它呈献给朝廷后，元代的国家天文台就将它作为计时器采用了。

1276年，元军攻下南宋的京城临安后，全国统一已成定局。为改变国家南北历法不统一和传统历法误差越来越大的问题，元世祖忽必烈就命令郭守敬主持制定一部新的历法。郭守敬在接受了这项艰巨任务后，就反复考虑该如何着手编修新历法。"历之本在于测验，而测验之器莫先于仪表。"郭守敬认为当务之急就是要研制高精度的仪器。他在察看当时司天台上最重要的天文观测仪器浑天仪器时，发

郭守敬与《授时历》

现因当时战事频繁，年久失修，这架仪器已转动不灵，最重要的仪器圭表也已经东倒西歪，根本无法直接使用。为此，他开始发奋图强，克服重重困难，在三年内研制出了十二种新型天文仪器，其中就包括最重要的仪器"简仪"。这些仪器的功能和精度都大大超越了前代。

郭守敬发明的简仪是在中国传统浑仪的基础上，将众多环圈简化，只保留了两组最基本的环圈系统，这是当时最先进的天文观测仪器。郭守敬就是运用这个简仪对天体做了观测。他测定出了黄道与赤道的交角，以及二十八宿的距离，这就为他编制一本高精确度的新历法奠定了基础。

在编制新历法期间，郭守敬还主持了全国大规模的天文观测活动，在全国建立了27个天文观测点，其中最南端的观察点在南海（今西沙群岛），最北端的观察点在北海（今西伯利亚）。

经过郭守敬四年的努力，1280年，新历法终于告成，据古语"敬授人时"，此历法就被命名为《授时历》，1281年颁行全国。后来，郭守敬又花费了两年时间整理完善，最终写成定稿。

1291年，忽必烈又召见了郭守敬，命令时年60岁的郭守敬整修大

都至通州的运粮河。经过一年多的疏通和治理，运河终于修通，定名为"通惠河"。从此，出现了南粮北运的盛极景象，大大促进了元朝经济的发展。

《授时历》计算简单、精确度高，因此编制后不久就传到了日本、朝鲜，并被采用。《授时历》不仅是中国历史上的一部最先进、精确的历法，而且在世界天文学史上也占有重要地位。国际天文学会为了让后人永远记住郭守敬这位伟大的天文学家，1964年，把发现的一颗小行星命名为"郭守敬小行星"；1981年，把月球背面的一座环形山命名为"郭守敬环形山"。

五　数学之奥

1. 我国最早的计算工具

　　我国最古老的计算工具是算筹，也称算子。它起源于商代的占卜，是用现成的小木棍做计算用的，这不仅是中国最早的算筹，也是世界之最。

　　算筹是古代劳动人民在长期的生活实践中发明的。它最早出现在何时，现在已很难考

古代骨算筹

证，但最迟在春秋战国时期就已经出现了。据考古证明，古代的算筹是由竹子、木头、兽骨、象牙、铁、铜等各种材料制成的小棍子，长短和粗细都是一样的，一般长为13cm～14cm，粗为0.2cm～0.3cm，大约270根为一束，装在一个布袋里，可随身携带。需要计算时，随时取出来使用。

　　既然算筹是一根根同样长短和粗细的小棍子，那么又是怎样来使用的呢？

　　在算筹记数法中，共有两种形式来表示单位数目，一种是纵式，也叫直式；另一种是横式。其中1—5分别以纵横方式排列相应数目的算筹来表示，6—9则以上面的算筹再加上下面相应的算筹来表示。当时还规定，要表示多位数时，就用纵式来表示个位、百位、万位……用横式表示十位、千位、十万位……这样从右到左，按照纵横相间的原则，以此类推，就可以用算筹表示出各种数字了。如果遇到"零"

的时候，不摆算筹，用空位表示，从而可以进行加、减、乘、除、开方以及其他的代数计算。由此可见，这样一种算筹记数法遵循的是十进位制。这种运算工具和方法的创立，在当时可以说是世界上独一无二的。在计算的时候，算筹由于是纵横相间固定摆放的，所以计算时既不会混淆，也不会错位。当负数出现后，算筹就分为黑红两种，红筹表示正数，黑筹则表示负数。

在南北朝时的《孙子算经》中就有关于筹算法则的记述："一纵十横，百立千僵，千十相望，万百相当。"也就是说，在记数时，从右到左，个位用纵式，十位用横式，百位用纵式，千位用横式，如此纵横相间，就能正确计算了。由此可见，现在我们仍在使用的十进位制计算法与古代出现的算筹记数法和进位规则是一脉相承的。中国古代十进位制的算筹记数法是中国对世界数学史的发展做出的一个伟大创举。我们可以自豪地说，没有算筹，中国古代数学就不会领先世界。是我们的祖先用自己的聪明智慧创造了令中华儿女引以为豪的辉煌成就。马克思在他的《数学手稿》一书中称十进位记数法为"最妙的发明之一"，确实是恰如其分。算筹在我国古代使用了近两千年，后来逐渐被珠算所代替。

2. 算盘的问世

算盘是中国古代的一项重要发明，应该被誉为中国的第五大发明。算盘最早是由"算筹"衍变而来的，是用木圆珠代替粗细、长短一样的小棍棒来进行运算的简便工具。用算筹作为工具进行的计算叫"筹算"。"筹算"采用的是十进位制，开始只能进行加减计算，后来又逐渐能进行简单的乘除法运算。随着生产的发展，用小木棍进行计算受到了限制，并且计算速度也比较慢。于是，算盘在人们对"筹算"改进的过程中就应运而生了，这是我国古代劳动人民的创造和发明。

算盘是长方形的，四周用木框固定，木框里面又固定着一根根小木棍，小木棍上穿着木珠，中间用一根横梁把小木棍分成上下两部

算盘

分。每根木棍的上半部有两个珠子，每个珠子代表五；下半部有五个珠子，每个珠子代表一。用算盘来计算就叫珠算。珠算有相应的四则运算法则，统称"珠算法则"。

　　算盘的历史最早可以追溯到汉代。东汉末年数学家徐岳在《数术纪遗》中有这样的记载："珠算，控带四时，经纬三才。"这说明汉代已有算盘，但那时的算盘中间是没有横梁相隔的，上下珠以颜色来区分，中梁以上一珠当五，以下一珠当一，这种算盘称为"游珠算盘"，是现代算盘的前身。算盘的上珠十和下珠五实际上就是河图中的天数五、地数十。这样设置主要是取天地交泰之意，即万物始生。随着唐宋商业的发展，珠算逐渐渗透于流通领域。在北宋张择端的《清明上河图》中，可以看到在赵太丞家药铺的柜台上放着一个算盘，而且是有横梁穿档的大珠算盘。至元代时，算盘的使用已十分流行。到了明代，数学家们还编写了一些关于珠算的专著，并形成了简单易记的珠算口诀："三下五去二"，"七去五上二进一"等。用时，可依照口诀，上下拨动算珠，这样在进行计算时就可以得心应手，运珠自如了。15世纪中叶，《鲁班木经》一书详细记载了算盘的制作方法。明代以后，珠算逐渐取代筹算，在我国被普遍应用。珠算后来陆续传到了日本、朝鲜、印度、俄罗斯、西欧各国，受到广泛欢迎，对近代文明产生了很大的影响。

　　现在世界上的算盘，除了木制的，还有竹、铜、铁、玉、景泰蓝、象牙、骨等不同的材料制成的。这些算盘大小各异，有的可以藏入口袋，有的要靠人来抬。我国是世界上最早发明算盘的国家，几千年来它一直是我国劳动人民普遍使用的计算工具。尽管目前计算工具已进入电子时代，但现代最先进的电子计算器也不能完全取代算盘的作用，算盘仍散发着时代的青春气息。随着计算机和算盘的结合，人们开发出算盘的启智新功能。这一功能在社会上被广泛认可，飙起一阵阵珠心算培训热，珠心算教育在当今时代方兴未艾。目前中国已在世界上50多个国家和地区开展珠算和珠心算培训教育活动。珠算经受住了计算机科学巨变的猛烈冲击，显示出百代难泯的顽强生命力。2013年12月4日，珠算被联合国教科文组织列入人类非物质文化遗产名录，这也是我国第30项被列为人类非物质文化遗产的项目。

3. 游标卡尺的发明

在形态各异的长度精密计量器家族中，使用较方便、精确度比较高且比较常用的是游标卡尺。而却鲜为人知的是，游标卡尺的发源地在中国，它是汉代的一项伟大发明。

游标卡尺是一种测量长度、内外径、深度的量具。从背面看，游标是一个整体，其实它是由主尺及其附在主尺身上能滑动的游标两部分构成。尺身和游标尺上面都有刻度，主尺一般以毫米为单位，在游标上标有10、20或50个分格，根据不同的分格，游标卡尺可分为十分度游标卡尺、二十分度游标卡尺、五十分度游标卡尺等。游标为十分度的有9毫米，二十分度的有19毫米，五十分度的有49毫米。如果以准确到0.1毫米的游标卡尺为例，尺身上的最小分度是1毫米，游标尺上就有10个小的等分刻度，总长9毫米，每一分度为0.9毫米，与主尺上的最小分度相差0.1毫米。在游标卡尺的主尺和游标上有两副活动量爪，分别是内测量爪和外测量爪。内测量爪通常用来测量槽的宽度和管的内径，外测量爪通常用来测量零件的厚度和管的外径。如果把深度尺与游标尺连在一起，就可以测量槽和筒的深度。

在使用游标卡尺时，首先要用软布将量爪擦干净，然后将两副量爪并拢，查看主尺身和游标的零刻度线是否对齐。它们的第一条刻度线相差0.1毫米，第二条刻度线相差0.2毫米……第10条刻度线相差1毫米，即游标的第10条

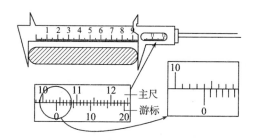

刻度线恰好与主尺的9毫米刻度线对齐。只要对齐就可以测量，如果没有对齐就要记取误差。在测量时，用右手拿住尺身，大拇指移动游标，左手拿着要测的物体。当待测物位于测量爪之间，并与量爪紧紧相贴时，就可以读数了。

世人一般都认为游标卡尺是法国数学家Pierre Vernier（维尼尔·皮尔）在1631年发明的。而1992年5月，在扬州市西北的邗江县甘泉乡（今邗江区甘泉街道）出土了一件公元1世纪东汉时的原始铜卡尺，相传这是由篡汉的王莽发明的，因此被称为"新莽铜卡尺"。此铜卡尺由固定尺和活动尺等部件构成。由此可以断定，游标卡尺在我国东汉时期就已经有了，并开始在生产中应用。东汉原始铜卡尺的出土，将游标卡尺的历史上溯了1600多年，也进一步证明了游标卡尺最早是由中国人发明的。这为我国古代度量衡史的研究提供了珍贵的实例。这把"新莽铜卡尺"至今珍藏在国家博物馆。经过考古学家考证，这把铜卡尺是迄今世界上发现最早的卡尺，制造于公元9年，距今已有2000多年的历史。

据考古学家考证，刻线直尺在我国夏商时代就已普遍使用了，主要是用象牙和玉石制成的。它的出现改变了古代人们主要采用木杆、绳子，或用"迈步""布手"等方法来测量长度的手段，但它还不够精准。在长期的生活实践中，人们不断加以改进，直到东汉时才出现了青铜刻线卡尺。随着游标卡尺的出现，这种高精度的测量工具也被广泛使用在人们的生产生活中。它是刻线直尺的延伸和拓展，是中国劳动人民对世界测量史做出的又一伟大贡献。

4.《周髀算经》

《周髀算经》原名《周髀》，不仅是一部数学著作，也是一部天文学著作。它是算经十书中的一部，是中国迄今为止最早的一部数学著作。

周就是圆，髀就是股，周髀有盖天之意，这是我国古代的一种天体学说。当时的人们认为，天就像是无柄的伞，地像无盖的盘子。因为在书中使用了勾股术来测算天体运行的里数，又相传该书由周公所著，所以称《周髀算经》。

《周髀算经》成书于西汉或更早时期。此书分上下卷，以对话的形式主要阐明了当时的盖天说和四分历法。在古代，关于宇宙结构模式有三种学说，盖天说就是其中之一，而《周髀算经》又是盖天说完善的代表。书中以精确的数字、合理的推理、正确的演算来印证了盖天说。不仅如此，《周髀算经》还包含了丰富的数学成就。书中不仅讲述了数学的学习方法，最早记载了古代用"四分历"来计算相当复杂的分数运算、开平方法；而且主要介绍了勾股定理及其在测量上的应用，以及怎样引用到高深复杂的天文计算上。

众所周知，勾股定理是一个基本的几何定理，相传是在商代由商高发现的，所以又称之为"商高定理"。在《周髀算经》里就记载了周公与商高的谈话。公元前1120年，商高对周公说：将一根直尺折成一个直角，两端连接得一个直角三角形，如果勾是三、股是四，那么弦就等于五。这是关于勾股定理的最早文字记录，即我们所说的"勾三股四弦五"。之后，三国时代的赵爽还对《周髀算经》内的勾股定理做出了详细的注释，用边长为3、4、5的直角三角形来进行测量，把直角三角形中较短的直角边叫作勾，较长的直角边

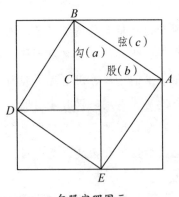

勾股定理图示

叫作股,斜边叫作弦,从而又记载了勾股定理的公式与证明的另外一种方法,即直角三角形两直角边("勾""股")边长的平方和等于斜边("弦")边长的平方。也就是说,如果设直角三角形两直角边分别为a和b,斜边为c,那么勾股定理的公式就是$a^2+b^2=c^2$。

《周髀算经》是中国历史上最早的一本算术类经典著作,以后历代数学的发展都是在《周髀算经》基础上的不断创新和传承。《周髀算经》是中国劳动人民智慧的结晶,它不仅是中国数学发展史上的一颗璀璨夺目的明珠,也是世界古代数学史上的一座不朽丰碑。

5. 祖冲之与圆周率

祖冲之是我国南北朝时期杰出的数学家、天文学家。他一生中最突出的贡献就是,在世界上第一次把圆周率的数值精确推算到小数点之后的第七位数字。

祖冲之和圆周率

祖冲之的家族世代掌管历法,这使他从小就养成了兼学百家的好习惯,并且阅读了许多天文、数学、哲学等方面的书籍。他勤奋好学,尤其注意学习前人的成就,酷爱科学研究,苦心钻研;但他从不盲从,所以后来取得了许多科研成果,最突出的就是在数学领域求得了比较精确的圆周率。除此之外,祖冲之在他33岁时提出了"大明历",这是当时最先进的历法。为了验证黄帝指南车的真实性,他还亲自模仿制造了指南车,指极性比较精准。为促进当时社会生产力的发展,他还发明了千里船和水碓磨。

圆周率,就是圆的周长同直径的比率,通常用希腊字母"π"来表示。在秦汉之前,人们是以"周三径一"作为圆周率的,这就是所谓的"古率"。在长期的运用过程中,人们发现古率的误差太大,圆的周长应该是"圆径一而周三有余",也就是说圆的周长是圆直径的三倍多。但具体多多少,很难说出个固定的数字来。直到三国时期,著名的数学家刘徽在他撰写的《九章算术注》第九卷中,提出了计算圆周率的科学方法——"割圆术"。他认为"周三径一",即圆周率的近似值为3,太不精确,于是就用圆内接正六边形的周长与直径的比值来计算。当刘徽计算到圆内接96边形时,求得π=3.14。在计算中他发现,圆内接正多边形的边数无限增多时,多边形周长就无限逼近圆的周长,即所求得的π值越精确。在这里刘徽运用了初步的极限概念,并提出了割圆术,这在当时世界上是最先进的。

　　祖冲之小时候就酷爱数学和天文,孩童时对圆周率的研究已经达到了如醉如痴的地步。据说,有一天夜里,他忽然想到《周髀算经》上说,圆的周长是直径的3倍,对不对呢?这个说法一直让他翻来覆去睡不着。天还没亮,他就拿上一根绳子,跑到大路上,等候着马车的到来。当第一辆马车过来时,祖冲之喜出望外,再三央求下,他终于测量了马车的轮子。他认为圆周长一定是大于直径的3倍的,究竟大多少,这个问题一直困扰着他。如何能更精准地计算出圆周率呢?从此祖冲之就开始研究前人的成就,尤其是刘徽的成果;他不辞辛苦地钻研,反复演算。他曾在自己书房的地面上画了一个直径1丈(当时的1丈约合现在的258厘米)的大圆,从这个圆的内接正六边形一直做到正12 288边形,然后一个一个地算出了这些多边形的周长。那时候是没有电子计算器的,祖冲之运用的是竹棍这样简陋的运算工具,即古人所说的"算筹"。他要用算筹对九位数字的大数,进行一百三十次以上的计算,这其中包括开方,运算的艰辛是可想而知的。祖冲之经过夜以继日、成年累月的计算,终于得出了圆的内接正24 576边形的周长等于3丈1尺4寸1分5厘9毫2丝6忽,还有余数,从而求出圆周率π在3.141 592 6与3.141 592 7之间,准确到小数点后第7位,达到了当时世界上的最高水平,这项成果领先世界近千年。为了让后人永远记住祖冲之在数学上的杰出贡献,外国的数学家还建议把"π"叫作"祖率"。祖冲之在治学上持之以恒的毅力和聪敏智慧着实令人佩服，这也是非常值得我们后人学习的。

圆周率是永远除不尽的无穷小数，求得圆周率的精确程度，标志着一个国家在数学水平和科学水平上的成就。祖冲之对圆周率的研究，记录在他与儿子祖暅之合著的数学专著《缀术》中。《缀术》在唐朝时被用作学校的教材，后来传到日本、朝鲜，也被用作教材。

祖冲之卓越的数学成就在世界数学史上永远闪耀着光芒，这是中华民族的骄傲。

6. 杨辉三角

杨辉，中国南宋时期杰出的数学家、教育家。他曾担任过南宋地方官，为政清廉，口碑很好。他一生致力于数学与教育工作的研究，杨辉三角是他的重要研究成果之一。杨辉是世界上第一个能排出丰富的纵横图和讨论其构成规律的数学家。杨辉与秦九韶、李冶、朱世杰并称为宋元数学四大家。

杨辉

杨辉三角，又称贾宪三角，是二项式系数在三角形中的一种几何排列。杨辉三角首先是由北宋数学家贾宪发现的，但记录贾宪成就的《黄帝九章算经细草》失传。后来南宋数学家杨辉在他所著的《详解九章算法》一书中，把贾宪的一张表示二项式展开后的系数构成的三角图形详实地记录下来。在西方，法国数学家帕斯卡在1654年的论文中很详细地讨论了这个图形的性质，所以在西方又称"帕斯卡三角"。这就是"开方作法本源图"，后简称为"杨辉三角"。杨辉在他的著作《详解九章算法》中，记述了它最本质的特征：它的两条斜边都是由数字1组成的，而其余的数字则等于它上面的两个数之和；从第二行开始，这个大三角形的每行数字，都对应于一组二项展开式的系数。杨辉三角是一个由有趣的数字排列成的三角形数表，它就像一个数学金字塔，一般表达式如下：

1

1 1

1 2 1

1 3 3 1

1 4 6 4 1

1 5 10 10 5 1

……………

杨辉三角

杨辉发现这个有趣的数字排列，还要追溯到他在台州做地方官时。有一次他坐轿外出巡游，正当他陶醉在旖旎风光中时，轿子忽然停了下来。这时就听到前面传来一个孩童的喊叫声，接着是衙役们的训斥声。杨辉连忙探出头来询问情况，原来是一个孩童正在地上做一道数学算题，还没完成，死活不走。杨辉一听不仅没生气，反而哈哈大笑，连忙下轿很好奇地来到孩童面前一看究竟。原来，这个孩童正在计算一位老先生出的一道趣题：把1到9的数字分三行排列，不论竖着加，横着加，还是斜着加，结果都等于15。杨辉看着那孩童的算式，仔细一想，原来是出自西汉学者戴德编纂的《大戴礼记》一书中的题目。喜爱数学的杨辉全然忘记了身边的美景，俯下身来，竟然和孩童一起算了起来。直到天已过午，两人终于将算式摆出来了。在方块中，无论你怎样横、竖、斜着加结果都是15。他俩又很快验算了一遍，结果全是15，这才松了一口气站了起来。之后，杨辉又随着孩童来到老先生家里，并为这位上不起学的孩童交了学费。老先生非常钦佩杨辉乐于助人的品质，话很投机，就与杨辉畅谈起了数学问题。老先生说道：南北朝的甄鸾在《数术记遗》书中写过："九宫者，二四为肩，六八为足，左三右七，戴九履一，五居中央。"杨辉听后默念了一遍，发现这正与上午自己和孩童摆出来的数字完全一样。又好奇地问老先生："先生，您可知这个九官图是如何造出来的？"老先生也回答不了。

杨辉回到家中，一有空闲就反复琢磨、摆弄这些数字。有一天，他终于总结出一条规律，并概括为四句话：九子斜排，上下对易，左右相更，四维挺出。意思就是：先把1到9数字从大到小斜排三行，然后再把9和1两数对调，左边7和右边3对换，最后把位于四角的4，2，6，8分别向外移动，排成纵横三行，这样三阶幻方就填好了，构成了九宫图。

杨辉在研究出三阶幻方的构造方法后，按照类似规律，又系统地研究出了四阶幻方，即从1～16的数字排列在四行四列的方格中，使每一横行、纵行、斜行四数之和均为34。后来，杨辉又在前人著作的基础上，研究出了五至十阶幻方。杨辉把这些幻方图总称为纵横图，于1275年记录在自己的数学著作《续古摘奇算法》中，并流传后世。后来，人们就按照他所勾画出的五阶、六阶乃至十阶幻方来证明，结果全都是准确无误的。在当时条件下，杨辉能研制出高阶幻方的构成规律，真不愧为世界上第一个论述了丰富的纵横图和讨论了其构成规律的数学家。

"杨辉三角"极大地丰富了我国古代数学宝库，而且也为世界数学科学的发展做出了卓越的贡献。"杨辉三角"不仅可以用来开方和解方程，而且与组合、高阶等差级数、内插法等数学知识都有密切的关系。

7. 李冶与天元术

李冶是宋元数学四大家之一。他在数学上的主要贡献是天元术，就是利用设未知数并列方程的方法，来研究直角三角形的内切圆和旁切圆的性质。

出生在金代的李冶自小天资聪敏，喜爱数学研究。后来他在洛阳考中进士，官至钧州知事。他为官清廉、正直。1232年，蒙古军队攻下钧州，李冶不愿投降，只好流落到山西民间。金代灭亡后，李冶再也无心过问政治，从此开始了他将近50年的数学研究生涯。他主要研究的是天元术。

所谓天元术，就是一种用数学符号列方程的方法，如"立天元一为某某"，这相当于今天"设*x*为某某"。由于当时的计算工具为算筹，所以和今天的写法是不同的。

宋元时期随着数学问题的日益复杂和高次方程数值求解技术的发展，迫切需要一种能建立任意次方程的方法来解决实际问题，天元术就是在这样的需求下产生、发展起来的。

天元术早在北宋时就已经产生了，但一直受几何思维束缚，记号混乱复杂，演算比较烦琐，也不成熟。李冶在研究数学天元术的过程中，决心要找到一种更简洁实用的方法。从此，李冶开始潜心研究，以《洞渊九容》为基础，昼夜不辞辛苦地讨论了在各种条件下用天元术求圆径的问题。他倾其心血，终于在1248年写成了《测圆海镜》一书。这是现存最早的一部以天元术为主要内容的专门著作。

《测圆海镜》共分12卷，记述了列方程的统一方法，研究了利用增乘开方法求高次方程的根。他发明了负号。他的负号与现在不同，是在数字上画一条斜线。他还采用了从0到9的完整数码，创造了简明的小数记法，从而改变了以往用文字描述方程的状况。但在当时的运算中仍缺少符号，尤其是缺少等号，所以这样的代数，只能称为半符号代数，它是近代符号代数的前身。这种半符号代数比欧洲早了300多年。这是世界上最早的代数学理论，也是当时世界上最先进的高次

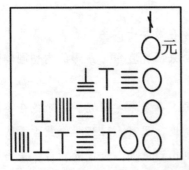
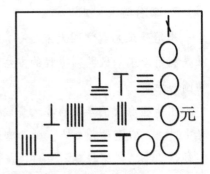

天元术

方程数学科学。他的天元术与现代列方程的方法极为类似。

《测圆海镜》不仅记述了天元术的完善、创新、发展，而且在书的编排上也较以前有了进步。全书基本上构成了一个演绎逻辑体系，卷一包含了解题所需要的定义、定理、公式，后面各卷问题的解法均可在此基础上以天元术的方法推导出来。李冶是中国数学史上用演绎法著书的第一人。

由于《测圆海镜》内容较为深奥，一般人难以读懂，所以刊印后传播较为缓慢。李冶为了能让更多的人了解"天元术"，后又编撰了《益古演段》，做到了图文并茂，用易懂的几何方法对天元术进行解释，这本书成为天元术的入门书。此书后来流传到朝鲜、日本等国，极大地推动了世界数学事业的发展。

元代李冶编著的《测圆海镜》，标志着天元术发展到了成熟阶段。他摆脱了几何思维的束缚，发明了用"元"表示含未知数项的代数理论方法来列方程的方法，实现了解题的程序化，并具有了半符号代数学的性质，这是中国古代数学发展史上的一个重要创造。

8. 韩信点兵与中国的剩余定理

韩信是汉高祖刘邦手下一位著名的大将。早年时父母双亡，曾靠乞讨为生，还经常遭人欺负，"胯下之辱"讲的就是韩信小时候被无赖欺凌的故事。后来他投奔了刘邦，英勇善战，智谋超群，为汉朝的建立立下了汗马功劳。韩信不仅统率过千军万马，而且还对手下士兵的数目了如指掌。据说他统计士兵数目时，有个独特的方法，被后人称为"韩信点兵"。

韩信为了不让敌人摸清自己部队的情况，他在点兵的时候，总是先让士兵从1到3报数，记下最后一个士兵所报之数；然后再命令士兵从1到5报数，也记下最后一个士兵所报之数；最后令士兵从1到7报数，又记下最后一个士兵所报之数。这样，他自己很快就算出了自己部队士兵的总人数，而别人根本无法计算出他手下终究有多少名士兵。

在一次战役中，韩信带领1500名将士与楚王项羽的大将李锋所率

五
数学之奥

85

韩信点兵与中国的剩余定理

部队进行了一场恶战，双方死伤累累，楚军败退回营，韩信也带领兵马返回大本营休整。疲惫的大军刚行军到一个山坡时，军探来报，说楚军有骑兵追上来了。忽见远方尘土飞扬，喊声震天动地。汉军一片哗然，又进入战备状态。只见韩信快速骑马来到坡顶，观察到敌人不足五百骑，又急速返回清点自己的兵力，以做好迎敌准备。他命令士兵3人一排，结果多出2名；接着又命令士兵5人一排，结果多出3名；他又命令士兵7人一排，结果又多出2名。韩信很快清点完人数，接着向将士们宣布：我军有1073名勇士，敌人不足五百，我们居高临下，以众击寡，相信我们一定会打败敌人的。韩信的快速点兵法，早已使士兵们佩服得五体投地，结果士气大大被鼓舞。在汉军的步步进逼下，楚军乱作一团，很快楚军就大败而逃。这样，汉军凭借着韩信的神机妙算又打了一场漂亮仗。

这个故事中所讲的韩信速点兵的计数方法，实际上就是同余式组的一般求解方法。韩信点兵法就是《孙子算经》中的"物不知数"问题，也就是一次同余式组的求解定理。国外的数学著作中将一次同余式组的求解定理称誉为"中国剩余定理"。

古人曾用一首数学诗概括了这个问题的解法：三人同行七十稀，五树梅花廿一枝，七子团圆月正半，除佰零伍泄天机。意思就是说，第一次余数乘以70，第二次余数乘以21，第三次余数乘以15，把这三次运算的结果加起来，再除以105，所得的除不尽的余数便是所求之数（即总数）。用数学诗来表达计算方法，可谓是风格别致，妙趣横生，大大提高了人们学习数学的兴趣。

剩余定理的发明可谓是中国古代数学家的一项重大创造，它在世界数学史上也占有非常重要的地位。

六　建筑之美

1. 秦代的阿房宫

阿房宫，是雄才大略的秦始皇在统一六国之后于渭河以南修建的一座豪华宫殿，在当时可以说是无与伦比的。1961年，其遗址被国务院列为全国重点文物保护单位。

据史料记载，秦始皇在完成统一大业后，从公元前221年开始，就派人去各国绘制他们的宫殿图，然后就在咸阳北郊仿照各国的建筑式样图大修宫室145处，宫殿270座，主要用来安置从六国掠来的美女和乐器等。后来他又借口先王的宫殿太小，人太多，就又下令并驱使70万人在渭河以南的皇家园林上林苑中，兴建一座规模更宏大的朝宫。这座宫殿的前殿所在地叫阿房，所以当时人们就把这座宫殿称为阿房宫。

阿房宫的前殿是主体宫殿。据史书记载，前殿东西长约五百步，南北宽约五十丈，殿内可容纳万人，下可建五丈旗。目前还存有一座巨大的长方形夯土台基，长为1320米，宽420米，是我国已知的最大的夯土建筑台基。更绝妙的是阿房宫的门是用磁石做的，主要是为了防止行刺者暗带兵器入宫，这样可以利用磁石的吸铁作用，使隐甲怀刃者在入门时不能通过，从而起到保卫皇帝安全的作用；其次还可以向天下朝臣显示秦阿房宫前殿的神奇作用，令其惊恐退步。另外，在阿房宫前殿门前还站立着12个各重千石的大铜人，寓意为秦朝是天下统一、千秋万代的王朝。为了修建这座豪华的宫殿，从各地运来了最好的石料和木材，有的地方的树木都被砍伐光了，造成了巨大的浪费。

阿房宫复原图

　　由于这座气势恢宏的宫殿建筑规模巨大，秦始皇在位时，用了4年时间只建好了坚如磐石的前殿。后来秦始皇病逝后，因为要给他赶修陵墓，这座宫殿的建筑曾经一度停工。秦二世为了完成先皇的遗愿，第二年又命令召集苦力复工营建。由于当时各地已经爆发起义，全部工程到秦朝灭亡时也没建成。公元前207年，项羽率军进入关中，这座凝结着百姓血汗和智慧结晶的伟大建筑，被项羽军队付之一炬。传说大火三月不息，阿房宫最终变成了一片废墟。

　　我们现在想去详细了解阿房宫独特的结构、恢宏的气势、华美的建筑，唐代诗人杜牧的《阿房宫赋》当属最好的资料了。

2. 万里长城

　　你知道孟姜女哭长城的故事吗？传说秦始皇时，徭役非常繁重，一对年轻人范喜良、孟姜女新婚刚刚3天，新郎范喜良就被抓去修筑长城，不久就因饥寒交迫、过度劳累致死，然后被埋在长城墙下。孟姜女因思夫心切，不畏千辛万苦，来到长城边寻夫，得到的却是丈夫死去的噩耗。于是她在长城脚下痛哭，三日三夜不止，最终长城为之崩倒，露出了范喜良的尸骸，孟姜女也在绝望之中投海而亡。

秦始皇为什么要征集大量的劳力去修筑长城呢？主要是因为北方的匈奴力量比较强大，不断骚扰秦朝边境。为了抵御匈奴的进攻、维护国家的统一，秦始皇就采取了积极的防御措施：一方面派大将蒙恬率军大举反击匈奴，夺取被匈奴侵占的河套地区；另一方面又让蒙恬负责修筑一条西起临洮、东到辽东蜿蜒万余里的城防，这就是闻名中外的"万里长城"。长城的一部分是在原来赵国、燕国旧长城的基础上修缮增筑而成的。长城的修建在当时确实起到了一定的防卫作用，之后就作为一项伟大的建筑工程而遗留后世，这项伟大工程是我国古代劳动人民智慧和独创性的见证。

长城是古代中国在不同时期为抵御北方游牧民族侵袭而修筑的规模浩大的军事工程的统称，在不同时期确实发挥着重要的抵御作用。长城的修建最早要追溯到春秋战国时期，那时不是为抵御匈奴的入侵，主要是各国诸侯为了防御别国入侵，而修筑起烽火台，并且

万里长城

用城墙连接起来,这样就形成了最早的长城。再后来,尤其是到了秦代,北方的匈奴力量强大起来。为了抵御匈奴的骚扰,秦始皇就迫使近百万劳工去修筑长城,这大约占当时全国总人口的二十分之一。当时在崇山峻岭、峭壁深壑上施工,又没有任何机械,工程全都是由人力手工完成的,难度可想而知。无论是巨龙似的城垣,还是用青砖砌筑成大跨度的拱门,以及用石雕篆刻的建筑装饰,它倾注的都是劳动人民的血汗,这充分展示了当时工匠们的艺术才华。万里长城自秦始皇之后,许多朝代的帝王都非常注意修整完善。虽然各个朝代的长城大多残缺不全,但现在我们能看到的比较完整的是明代修建保留下来的。我们现在所谈的长城,主要指的是明长城。

明朝时,为了防御蒙古骑兵南下骚扰,从明太祖起,先后花了将近200年的时间陆续修筑了一道东起鸭绿江,西至嘉峪关,蜿蜒6000多公里的长城。明长城东部的险要地段,大都是用条石和青砖砌成的,工程十分坚固,目前也保存得比较好。山海关、嘉峪关东西对峙,气魄雄伟,是世界建筑史上的一个奇迹。

秦代以来无论哪个时期,墙身都是长城的主要组成部分,也是防御敌人的主要部分。为节约人力,最大效能地发挥城墙的作用,凡是重要的地方城墙构筑得就比较高,普通的地方构筑得要低一些。长城的墙身总厚度较宽,平均有6.5米,上面的地坪宽度平均也有5.8米,能保证让两辆辎重马车并行通过。墙的结构一般也是根据当地的气候条件而定的,主要有夯土墙、土坯垒砌墙、青砖砌墙、石砌墙、砖石混合砌筑墙、条石墙、泥土连接砖墙等。

长城不仅是一座气势磅礴的宏伟工程,而且也是一座艺术非凡的文物古迹。它是中华民族的伟大象征,是华夏儿女的骄傲,也是我国古代劳动人民智慧坚强、勤奋开拓进取精神的表现。

3. 洛阳白马寺

白马寺,建于东汉时期,位于河南省洛阳市以东12公里处,是佛教传入中国后兴建的第一座寺院。这座寺院为什么要以白马来命名呢？

　　相传汉明帝时，一天晚上，他做了一个奇异的梦，梦见一个身高六丈、背项发光的金人从西方飞来。明帝不知此梦是吉是凶，第二天他问朝臣，梦中的金人是什么？有个叫傅毅的大臣叩首答道：梦见的金人是西方（天竺）的神，称为佛。于是，明帝就派蔡愔（yīn）、秦景等人赴天竺求佛法。3年后，他们回来时还请来了两位高僧摄摩腾、竺法兰，并用白马驮载佛经、佛像来到洛阳。明帝非常高兴，为显示佛教地位的尊贵，就令人在洛阳雍门外3里御道之南建寺存放，两位高僧也住在里面，取名叫白马寺。据说此寺是仿照印度祇园精舍的样式建造的。

　　白马寺建成之后，中国的"僧院"就泛称为"寺"，白马寺也因此成为中国佛教的发源地，有中国佛教的"祖庭"之称。东汉时，白马寺占地面积约为200亩，建筑规模极为雄伟。后因数度战乱，古建筑所剩无几。现在寺内的建筑、雕塑、碑刻等，多是元、明、清时期的遗物。

　　白马寺包括五重大殿、四个大院及东西厢房。最前面是寺门，寺门由并排的三座拱门组成。寺门外，分别有一对石狮和一对石马站

洛阳白马寺

立左右。尤其是两匹石马，大小和真马相当，形象温和驯良。寺门内东西两侧分别为摄摩腾和竺法兰二僧的墓。五重大殿由南向北依次为天王殿、大佛殿、大雄殿、接引殿和毗卢殿。这些大殿坐落在一条笔直的中轴线上，每座大殿里都有很多塑像，多为元、明、清时期的作品，皆是艺术品中的杰作。如天王殿，正中放置着木雕佛龛，龛顶和四周共有50多条姿态各异、栩栩如生的贴金雕龙，龛内还供奉着弥勒佛像。他开口大笑，赤脚趺坐，形象生动有趣，令人忍俊不禁。殿内两侧还有威风凛凛的四大天王，他们是佛门的守护神。弥勒佛像后面是韦驮天将，他是佛教的护法神，昂首伫立，充分显示着佛法的威严。此外，两旁的东西厢房则左右对称。寺内的整个建筑宏伟肃穆，布局严整。另外，寺内还有40多处碑刻，是寺内的重要古迹，这对研究寺院的历史和佛教文化有着非常重要的参考价值。

此外，寺内还保存了大量元代用干漆制成的佛像，如三世佛、二天将、十八罗汉等，这些佛像都弥足珍贵。特别是大雄宝殿的佛像，是洛阳现存最好的塑像，白马寺因此成为第一批全国重点文物保护单位。

4. 李春与赵州桥

说到赵州桥，历史上还有一段美丽的传说。

相传赵州桥是鲁班用一夜时间在赵州城南郊河上建成的一座大石桥。这座大桥建成后，八仙之一的张果老很好奇，不相信鲁班有如此大的本事。一天，他倒骑着毛驴直奔赵州郊河而来，想一探究竟。半路上，他又碰到了兴冲冲地推着车去赶热闹的柴王爷。他们一起来到赵州郊河畔，看到的赵州桥果然是名不虚传，犹如苍龙飞架、新月出云，又似长虹饮涧、玉环半沉，绝妙无比。为了不让鲁班产生骄傲自满的心理，他们决定考验一下鲁班。他们来到桥头，正巧碰上了鲁班，于是就问道：这座大桥是否经得起他俩一起走。鲁班听后，心想：这座桥，千军万马都能过，何况是两个人呢？于是就请他俩上桥。谁知，张果老转身一施法术，褡裢里竟装上了太阳、月亮，柴王爷的小车也载上了"五岳名山"。由于载重猛增，他们还没有走到桥顶，大桥就被压得摇晃起来。鲁班一看，情况不妙，急忙跳进河中，用手使劲撑住大桥东侧。这样才使他们平安地走过了赵州桥。据说因为鲁班用劲太大，大桥东拱圈下还留下了他的手印；桥上还有驴蹄印、车道沟印。当时的人们编造这样一个神话故事，就是为了纪念古代的能工巧匠。

赵州桥

其实，赵州桥的真正建造者是李春，他是隋代杰出的工匠。

赵州桥原名安济桥，位于今河北省赵县城南五里的洨河上，是我国现存最早的大型石拱桥，也是世界上现存最古老、跨度最长的圆弧拱桥。这座石拱桥全部是用石块建成的，全长50.83米，宽9米，主孔净跨度为37.02米，共用1000多块石块，每块石块重达1000千克。这座桥的设计很科学，虽然跨度很大，但桥面平缓，非常便于车马负重行走。不仅如此，桥的造型也很美观。桥的大拱两端各有两个小拱，既可以加大排水面积，减少洪水对桥身的冲击；又能够减轻桥身重量和对桥基的压力。大小拱搭配均匀，整座桥显得轻盈秀美。另外，在桥两侧的栏杆上还雕刻着龙形花纹，有游龙、对称双龙、蛟龙穿岩等。龙的形态各异，有的缠绕回盘，有的蹲坐伸爪，有的张目怒视，活灵活现，若飞若动。桥上的这些石雕，灵巧精美，刀法古朴苍劲，动感十足，是石雕艺术中的精品，显示出我国古代工匠们的高超工艺，也充分展示了我国古代劳动人民在桥梁建造方面的丰富经验和智慧。700多年后，欧洲才建成了类似的桥。

赵州桥已经经历了1400多年的风雨，至今仍然坚固地屹立在洨河上。

5. 敦煌莫高窟

北朝时，为了宣扬佛教，统治者命令大肆开凿石窟、雕刻佛像，出现了两大著名石窟——山西大同的云冈石窟和河南洛阳的龙门石窟。而石窟艺术得到空前发展是在隋唐时期，最著名的就是甘肃敦煌莫高窟，它以精美的壁画和塑像闻名于世。

莫高窟坐落于今甘肃西部敦煌城东南25公里鸣沙山东麓的崖壁上，南北长约1600米。莫高窟在唐代时得到很大扩展，到武则天时已修建了1000多个佛龛，所以又叫千佛洞。唐代时这里的地名叫"莫高里"，因此又称为"莫高窟"。它创建于前秦时期，历经十六国、北朝、隋、唐、五代、西夏、元等历代的陆续兴建，有塑像、壁画的窟492个。其中包括壁画4.5万平方米、泥质彩塑2415尊，这是世界上现存规模最宏大、保存最完好的佛教艺术宝库。

敦煌莫高窟中壁画的内容丰富多彩。在洞窟的四壁和顶部，绘满了绚丽多彩、形象生动的壁画，宛如一座大型的绘画馆。壁画展示的主要是佛教故事，如释迦牟尼的本生、因缘，各类经变画，众多佛教东传故事画、神话人物画等，每一类故事都有丰富、系统的材料。敦煌莫高窟北魏第257窟西壁就根据《佛说九色鹿经》即《六度集经》卷六，描绘了一个大家熟知的九色鹿的佛教故事。壁画通过一些情节，展现了一个能净化人心灵的动人故事：从九色鹿救人、溺水者行礼；到被救者忘恩负义、贪图富贵，到国王处告密、国王率人捕杀九色鹿、九色鹿向国王陈述事情经过；再到恶人遭到报应等故事情节，构成了一个完整的画面，让人们通过完整凄美的故事情节去体会真善美的伟大和假恶丑的卑劣。故事也深刻地揭示了佛教思想中的善恶业报轮回观念，即所谓的善有善报、恶有恶报。此外，壁画还涉及印

六 建筑之美

敦煌壁画

度、西亚、中亚等地区，可帮助人们了解古代敦煌及河西走廊的佛教思想、宗派，佛教与中国传统文化的融合，佛教中国化的过程等。另外，还有许多壁画是描绘隋唐时期社会的繁荣景象。壁画中的飞天，和身披飘拂长带、凌空起舞，反弹琵琶、载歌载舞的仙女等，都是敦煌壁画的代表作。

敦煌莫高窟还是一座大型的塑像馆。其中的彩塑是主体，有佛、菩萨、天王、金刚、神等2000多尊姿态各异的塑像。有的沉思、有的微笑、有的威严、有的勇猛，活灵活现，富有艺术魅力。最大的佛有34.5米高，最小的仅2厘米左右，题材之丰富和雕塑技艺之高超，堪称佛教彩塑博物馆。在第17窟里有唐代河西都统的肖像塑以及持杖近侍等塑像，都惟妙惟肖，这是我国最早的高僧写实真像之一，具有很高的艺术价值，也成为很重要的史料。莫高窟能把塑像与壁画充分凝结为一体，相融映衬，相得益彰，无愧于"世界艺术宝库"的称号。

莫高窟里不仅有大量精美的壁画和无数形象生动的彩色塑像，而且保存了大量的佛经、文书等珍品，因此被誉为20世纪最有价值的文化发现，又被称为"东方卢浮宫"。

6. 布达拉宫

　　布达拉宫位于西藏拉萨西北郊的布尔日红山上，是著名的宫堡式建筑群，也是藏族古建筑艺术的精华，被誉为"世界屋脊的明珠"。

　　藏族人民信奉佛教，布达拉宫是当地人民心中的圣山，布达拉在藏语里有普陀之意。布达拉宫建于7世纪，是当时吐蕃的赞普松赞干布专为远嫁吐蕃的唐朝文成公主建造的。整个宫堡建筑依山修建，规模宏大，巍峨壮观，最高处海拔为3767.19米。它是世界上海拔最高的古代宫殿，占地面积约36万平方米，高177.19米，其建筑面积约13万平方米，一共由999间房屋组成。宫宇主楼有13层，全部为石木结构，其中宫顶覆盖着鎏金铜瓦，金碧辉煌，被誉为高原圣殿，藏语称为"赞姆林坚吉"，意思是价值能抵得上半个世界。

　　布达拉宫分成红宫、白宫两大部分。红宫居中，两翼是白宫，红白相间，布局严谨，错落有致，具有强烈的艺术感染力。红宫主要用于供奉佛像和处理宗教事务，其中安放着装有前世达赖遗体的灵塔。在这些灵塔中，以五世达赖的灵塔最为壮观。红宫内的西有寂圆满大

布达拉宫

殿是布达拉宫最大的殿堂，殿内壁上绘满了壁画，其中以五世达赖喇嘛到京城觐见清顺治皇帝的壁画最著名。白宫是达赖喇嘛坐床、生活起居和政治活动的主要场所，高7层。其中位于第4层中央的东有寂圆满大殿，是白宫内最大的殿堂。布达拉宫也由此成为西藏政教合一的统治中心。

布达拉宫内还收藏和保存着大量的历史文物，其中有2500多平方米的壁画，有近千座佛塔、上万座塑像、上万幅唐卡（卷轴画）和珍贵的经文典籍；还有明、清两代皇帝封赐达赖喇嘛的金册、玉册、金印，以及金银器、玉器、瓷器、珐琅、锦缎品和工艺珍玩等，它们见证了当时的西藏地方政府与中央政府的关系。这些文物绚丽多彩，使整座宫殿显得富丽堂皇。

布达拉宫建筑群楼重叠，是集宫殿、城堡、陵塔和寺院于一体的宏伟建筑，它不仅是宗教艺术的宝库，而且也是汉藏艺术交流融合的结晶。它堪称是一座建筑艺术与佛教艺术融合的博物馆，也是民族团结和国家统一的象征。

7. 孔庙大成殿

孔庙又称文庙，是供奉和祭祀孔子的地方，而大成殿则为孔庙的正殿。

孔子是春秋时期著名的思想家、教育家，是儒家学派的创始人。孔子思想的核心是"仁"，强调统治者要"仁者爱人"。汉武帝时，儒家思想成为封建社会的正统思想。在孔子死后的2000多年里，特别是科举制度诞生后，历朝历代统治者对孔子的尊崇也逐步升级，在全国各地到处修建孔庙。比较著名的大成殿有河北正定文庙大成殿、山东曲阜孔庙大成殿、南京夫子庙大成殿。其中山东曲阜孔庙大成殿是我国祀孔庙堂中规模最大的一座。

曲阜孔庙位于曲阜城区的中心，又叫至圣庙。它的建筑规模宏大、雄伟壮丽、金碧辉煌，是中国最大的祭孔要地。在孔子死后第二年（前478年），鲁哀公将孔子故宅改建为孔庙。

大成殿是曲阜孔庙的正殿，也是孔庙的核心建筑。它在唐代称为文宣王殿，共由五间房组成。宋天禧二年（1018年）进行大修缮时，将其移到今天的位置，并扩建为七间房屋。"大成"二字出自《孟子》一书："孔子之谓集大成。""大成殿"是宋崇宁三年（1104年），宋徽宗赵佶下诏赐名的匾额，意思是赞颂孔子的思想是空前绝后、完美无缺的，是古代圣贤思想的集大成，不幸的是北宋时毁于战火。我们现在所看到的大成殿为明代建筑，清代又重修。大成殿面阔九间，深五间，殿高24.8米，长45.69米，宽24.85米，坐落在2.1米高的殿基上，为全庙最高建筑。这座金黄色的大殿重檐九脊，雕梁画栋，黄瓦覆顶，气势宏伟，八斗藻井饰以金龙和玺彩图，双重飞檐正中竖匾上刻着清雍正皇帝御书的"大成殿"三个贴金大字。

最引人瞩目的是前檐的10根深浮雕龙柱，柱高5.98米，每柱两龙对舞，一条扶摇直上，一条盘旋而降，中刻云焰宝珠，下饰莲花石座，柱脚衬以山石和汹涌的波涛。10根龙柱两两相对，雕刻玲珑剔透，神态各异，龙姿栩栩如生，在阳光照射下，似祥云中的蛟龙盘绕升腾，让人看后叹为观止，堪称我国石刻艺术中的瑰宝。其雕刻艺术价值之高，就连故宫金銮殿里的贴金龙柱也不能与之媲美。据说自汉

孔庙大成殿

高祖刘邦到清高宗这千余年间，有12位帝王先后19次亲临曲阜孔庙祭孔。每当皇帝来此朝圣时，当地的官员都不敢让皇帝看到，事先总是要用红绫黄绸将龙柱缠裹起来，唯恐皇帝看到后，会因其规格超过皇宫而降罪。到清乾隆时，他认为孔子比帝王更应该受到尊崇，所以明令禁止在龙柱上缠裹红绫黄绸。然而当乾隆来曲阜祭孔，真正见到龙柱时，也被深深地震撼了。

大成殿正中高悬着"至圣先师"的巨匾，其下的神龛上贴金雕龙，殿内供奉的是孔子的彩绘塑像。在孔子塑像两旁还立有四人，即复圣颜回、述圣孔伋、宗圣曾参和亚圣孟轲。大成殿东西两侧的两庑内，还供奉着后世儒家的一些著名先贤，如董仲舒、王阳明等，到清末共有147人。现在两庑中陈列着历代石刻、碑刻，都是世上难寻的珍宝。

大成殿是曲阜孔庙的主殿，后设寝殿，仍是前朝后殿的传统形式，具有鲜明的东方建筑特色。前庭中设坛，周围环植杏树，故称杏坛。这座富丽新颖的杏坛，是孔子讲学的地方。后世将它改为孔庙正殿。宋真宗末年，增扩孔庙，将正殿后移，于正殿旧址上修起了杏坛；后来，金代在坛上建亭，明代又改建成重檐十字脊亭，逐渐形成现存的杏坛。大成殿的建筑艺术，充分显示了我国劳动人民的聪明才智。

整个大成殿气势雄伟，规模宏大，金碧辉煌，群龙竞飞。因此，孔庙大成殿与故宫太和殿、泰山岱庙天贶殿并称为东方三大殿。

8. 故宫太和殿

你知道被誉为世界五大宫是什么吗？北京的故宫就是其中之一，此外还有法国凡尔赛宫、英国白金汉宫、美国白宫和俄罗斯克里姆林宫。故宫造型别致，玲珑剔透，是中国古代建筑的骄傲；而故宫中的傲人建筑当属太和殿。

太和殿俗称"金銮殿"，位于北京故宫的中心部位，是故宫外廷三大殿中最大的一座，是中国古代宫殿建筑之精华，也是中国现存最大的木结构大殿。

太和殿是明朝永乐十八年（1420年）建成的，命名为奉天殿。明嘉靖四十一年（1562年）改称皇极殿，清顺治二年（1645年）改为太和殿，一直沿用至今。太和殿建成后屡遭焚毁，历经多次重建，现在所见到的大殿为清康熙三十四年（1695年）重建后的形制。

太和殿建在高约5米的汉白玉台基上，台基四周矗立着成排的雕以云龙云凤图案的石柱。这是宫殿内最大的建筑。太和殿高35.05米，东西长63米，南北宽35米，面积2380多平方米。太和殿面阔11间，进深5间，其上为重檐庑殿顶，五脊四坡，从东到西有一条长脊，前后各有两条斜行垂脊，檐角有10个走兽作为装饰镇瓦。这为中国古建筑史上之特例，是封建王朝宫殿等级最高的形制，代表着帝王唯我独尊、至高无上的身份。这些走兽的装饰使古建筑更加雄伟壮观，富丽堂皇，充满艺术魅力。

太和殿前有宽阔的平台，俗称"月台"。月台上陈设着古代的计时器日晷、量器嘉量各一个，二者都是皇权的象征。此外还有铜龟、铜鹤各一对，铜鼎18座。龟、鹤为长寿的象征。殿下为高三层的汉白玉石雕基座，中间石阶雕有蟠龙，衬托以海浪和流云的"御路"，周

故宫太和殿

围环以栏杆。栏杆下安有排水用的石雕龙头，每逢雨季，可呈现千龙吐水的奇观。

　　太和殿檐下施以密集的斗栱，室内外梁枋上饰以级别最高的和玺彩画。门窗上部嵌有菱花格纹，下部为浮雕云龙图案，接榫处安有镂刻龙纹的鎏金铜叶。殿内是特制的金砖铺地，因而得名金銮殿。太和殿有72根直径达1米的罕见楠木大柱，支撑其全部重量，其中围绕皇帝宝座两侧的是6根用沥粉金漆的蟠龙柱。殿内正中央挂着乾隆皇帝的御笔"建极绥猷"巨匾，下面是做工考究、装饰华贵、雕镂精美的髹金漆云龙纹宝座，宝座上的九条龙昂首矫躯，大有跃然腾空之势，极为精美生动。宝座设在大殿中央七层台阶的高台上，上方的蟠龙衔珠藻井，也罩以金漆，更显"金銮宝殿"的华贵。御座前还有造型美观的仙鹤、炉、鼎，宝座后方摆设着七扇雕有云龙纹的髹金漆大屏风，这足以象征封建皇权的尊贵。

　　整个太和殿建筑巍峨壮观，雍容华贵，富丽堂皇，红墙黄瓦，朱楹金扉，象征着吉祥和富贵，以显示皇帝的威严震慑天下。太和殿是故宫最壮观的建筑，也是现今中国最大的、保存最完整的木构殿宇，无论是从它的平面效果，还是从它的立体效果看，都堪称无与伦比的建筑杰作。

9. 泰山岱庙天贶（kuàng）殿

　　泰山，历来被尊为"神山"，无论是在帝王还是在普通百姓心目中，它都被赋予了特殊意义。在泰山南面有一座庙宇，名为"岱庙"，从汉代以来，是历代帝王举行封禅大典和祭拜山神的地方。而天贶殿属于岱庙的主体建筑，因而又成为祭拜的重要地方之一。

　　天贶殿位于岱庙中轴线的中后部，是泰山神东岳大帝的宫殿，里面供奉着泰山神的主像。"泰山神"是道教所信奉的"百鬼之神"，总管天地人间的吉凶祸福，可主宰生死，因此历朝历代皇帝都十分尊敬泰山神。据记载，天贶殿始建于北宋。相传北宋大中祥符元年（1008年）六月初六，有"天书"降于泰山，宋真宗于次年在

泰山岱庙天贶殿

泰山兴建了天贶殿。其实，"天书"之事只不过是宋真宗假造的。元代重修时改称"仁安殿"，明代重修后更名为"峻极殿"，民国初年仍称"天贶殿"，并一直沿用至今。"天贶"即天赐的意思，也就是说这座殿是上天赐予的。

天贶殿采用"九五"之制，大殿面阔9间，进深5间。以这两个数字组合的大殿在古建筑中为数很少，象征着帝王之尊。它的顶为重檐庑殿式，具有四坡五脊的特征，这是古建筑中最高等级的屋顶，是为符合泰山神五岳独尊的身份而设计的。殿的下部是斗拱承托，上面覆盖着黄色的琉璃瓦。整座大殿建在高达2.65米，面积为800多平方米的长方形石台之上，三面雕栏围护。大殿长48.7米，宽19.73米，高22.3米，辉煌壮丽，峻极雄伟，展现着皇家权势的气派。民间传说，岱庙的天贶殿和故宫的金銮殿是一样的，只是矮了三砖，而曲阜的大成殿又比天贶殿矮了三砖。

重檐之间有块竖匾，上书"宋天贶殿"。重檐歇山，彩绘斗拱，画瓦盖顶，檐下8根大红明柱耸立在廊前，采用三交六椀菱花隔扇门窗。柱上有普柏枋和斗拱，红色大檐柱明间和次间内槽顶设藻井，周围施斗拱，余为方形天花板，上绘金色升龙，是汉族宫殿建筑之精华，也是为后世子孙留下的宝贵的文化艺术财富。

天贶殿正中供奉的"泰山神"彩色塑像，高4.4米，头顶冕旒，以示大帝要明察秋毫；身着衮袍，手持青圭玉板，上雕日月星，下刻山海图，表示泰山神具有上主天、下主地和主生又主死的神威。塑像巧夺天工，栩栩如生，肃穆端庄，俨然帝君。神龛上悬挂着清康熙皇帝祭祀泰山神时所题"配天作镇"的匾额；与此相对的明间大门内悬挂着乾隆皇帝题的"大德曰生"巨匾。塑像前陈列着明清帝王所赐的各一套铜五供，等级森严的金瓜、月斧、朝天登及龙头拐杖等仪仗。在殿内的东、北、西三面墙壁上还彩绘有巨幅壁画《泰山神启跸回銮图》，描绘了泰山神出巡回銮浩荡壮观的场面，是中国道教壁画杰作之一。它是我国珍贵的历史文化遗产，具有极高的历史、艺术和美学价值。

大殿前重台高筑，雕栏环抱，云形望柱齐列，玉阶曲回，气象庄严；中间放着明代铁铸的大香炉和两个宋代的大铁桶，专为焚香和灭火；台两侧有御碑亭，内竖立着乾隆皇帝谒岱庙时的诗碑，共有8首，是研究泰山封禅祭告的重要史料。古帝王封禅泰山，要先在岱庙内祭拜泰山神，然后再登山祭告。在孤忠柏西侧的甬道下有一棵古柏，上有一向北的枯枝，宛如展翅欲飞的仙鹤，这是岱庙八景之——仙鹤展翅。天贶殿后面是后寝三宫，中为正寝宫，面阔五间；两边为配寝宫，各三间，是宋真宗为自己的皇后嫔妃修建的，由此可见宋神宗当时对此地的喜爱之情。

这座富丽堂皇的天贶殿，是一座伟大的建筑艺术殿堂。整座大殿雕梁彩栋，贴金绘垣，峻极雄伟。虽历经数朝，但古貌犹存，充分体现了古代劳动人民的聪明智慧和高超的建筑技艺。

七　农具之用

1. 耒耜（lěi sì）的发明

耒耜，是远古时代的一种农具，是当时农具的统称。它的形状就像今天的木铲，上面是直的木柄，下面是铲头，用以松土，可看作是今天犁的前身，今天仍有人把犁称为耒或耒耜。

耒是一根尖头木棍，加上一段短横梁，就是耒的柄。使用时先把尖头插入土壤，用脚踩住横梁使木棍深入，然后翻出土来。改进的耒有两个尖头或有省力曲柄。最早的耒有木制的、石制的、骨制的和陶制的，后用金属制成。

耒耜是如何发明的？《礼·含文嘉》说，神农"始作耒耜，教民耕种"。传说，炎帝和大家一起狩猎，来到一片林地。他看到，林地里有一群凶猛的野猪在拱土，把长长的嘴巴伸进泥土里，一撅一撅的，很快一片泥土就被翻松了。之后，野猪拱土的情形一直盘旋在炎帝的脑海里。他反复琢磨能不能依照猪拱土的样子，做一件农具，可以既省时又省力地把要耕种的泥土翻松。炎帝发现如果在尖木棒下端横着绑上一段短木，先把尖木棒插入泥土里，再用脚踩在横木上加力，然后再把木柄向身旁扳一扳，这样尖木就会很轻松地将泥土撬起

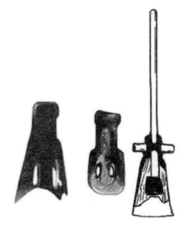

河姆渡出土的骨耜和装有木柄的
骨耜复原图

来了。功夫不负有心人，经过反反复复地不断探索，炎帝终于轻松地耕翻出一片松地来。这使炎帝非常开心。但炎帝并没有满足，他一直在想，还有没有更省力的办法呢？后来在翻土的过程中，他还发现弯曲的耒柄比直的耒柄用起来更省力省时，于是他便将"耒"的木柄用火烤出弯度。这样，当直柄变成曲柄后，翻土的效率大大提高，劳动强度也随之大大减轻。为了进一步提高劳动效率，后来炎帝又将木"耒"加以改进，由一个尖头变为两个尖头，这就是"双齿耒"。

炎帝的这一改进，不仅使土地得到深翻，而且改善了土壤质地，并且将种植由按穴位间隔种植变成了沿线播撒种子，使谷物的产量大大增加。后来随着部落的迁徙，改进后的耒耜农具很快传播到了黄河流域和长江流域。耒耜的使用大大提高了耕作效率，耒耜的发明在中国农耕文化史上占有特别重要的地位。

2. 最早的牛耕

中国是世界上最早使用牛耕的国家。牛耕技术的使用，是人类社会进入一定文明时代的重要标志。

我国牛耕技术的使用，开始于春秋战国时期。在这之前，古人在耕地时用的是耒耜，他们脚踏耒耜耕具，把锋刃刺入土中，依次将土一下一下地掘起来，掘一下退一步。这种耕地的方法，不仅非常费力，而且效果也较差。传说早在商代人们就用牛来驾车，后来他们又想到了用牛代替人来耕田。传说夏朝时"后稷之孙叔均始作牛耕"。当时人们为什么不使用牛耕田，原因之一就是在奴隶社会中，奴隶被看作是会说话的牲畜，使用奴隶比使用牛更便宜。

春秋时期，由于铁农具的出现、生产力的提高，牛耕也逐渐被用于农业中。《国语·晋语》记载："宗庙之牺为畎田之勤。"意思就是说，宗庙中用来祭祀的牛，已被用来耕田了。在《吕氏春秋》中也记载了这样一则故事：大力士乌获将牛的尾巴都拉断了，牛却纹丝不动。一个小孩走过来，牵着牛鼻环，牛反而乖乖地跟他走了。这说明，那时人们已经掌握了牛的习性，掌握了牵牛鼻子就能役使牛耕作的方法。另外，孔子有弟子姓冉，名耕，字子牛；晋国有个大力士，名字就叫牛子耕。牛与耕相连作为人名，不仅说明牛耕那时已经出现，而且表明春秋时用牛来耕田已是相当普遍的现象。

牛耕图

在《汉书·食货志》中最早记载了牛耕的使用方法："用耦犁，二牛三人。"就是说用二牛拉犁，三人辅助操作——一人扶犁，一人牵牛，一人控制犁地的深度。汉代的牛耕技术在生产实践中不断得到改进。在西汉末年的墓葬中，还发现了二牛抬杠一人扶犁的壁画，这说明当时人们已经掌握了用牛来控制犁的方向以及用犁来控制耕地深浅的技术。后来还出现了用一牛挽一犁的犁耕方法。这样，用牛耕代替人耕田，不但解放了人力，大大节省了劳动力，而且也使耕作效率大大提高，推动了当时社会制度的变革。

牛耕的发明，是我国古代劳动人民智慧的结晶，是农耕史上的一个极大的进步。牛耕技术从出现一直延续到20世纪末，在中国农村延续了2000多年。现在随着农业生产的机械化，牛耕在绝大多数的农村已隐退。但牛耕的出现，是农业发展史上的一次革命。

3. 桔槔（jié gāo）

桔槔，是中国古代汲水或灌溉用的简单器械，是一种原始的汲水工具。早在商朝时，人们就开始使用它来灌溉农田了。

桔槔作"颉皋"，在《墨子·备城门》中有记载，是一种利用杠杆原理来取水的器械。在《说苑·反质》中记载了郑国大夫邓析对桔槔的结陶和工作效率较全面的描述。孔子的弟子子贡南游楚国时，路过汉阴，看见一丈人抱瓮入井出灌，就向前为其详细介绍桔槔的制作

桔槔

桔槔
（《天工开物·水利》）

和使用方法。

桔槔是根据杠杆原理制成的汲水或灌溉用的工具。它的制作过程是，先在一根直立的木质或石质的架子上，横着绑上一根细长的杆子，支点在中心。使用时，在其横长杆的中间，由竖木支撑或悬吊起来，横杆的一端用一根直杆与汲器相连，末端绑上或悬挂一个重物，前段则悬挂上水桶。要汲水时，人们就可以用力将直杆与汲器往下压，就会带动另一端重物的位置上升。当汲器打满水以后，又会带动另一端重物下降，由于杠杆末端的重力作用，便能轻松地把水提拉到所需要的地方，从而大大减轻了人们提水时的沉重感。根据杠杆原理的作用，通过这样一起一落，就可以较为轻松地汲水。这种原始的汲水工具，是中国古代社会的一种主要灌溉器械。

桔槔发明后，在春秋时期就已普遍使用了，而且延续了几千年。桔槔这种简单的汲水工具在今天来看虽然很简单，但它的设计符合力学原理，是我国古代劳动人民智慧的创造。它是中国农村历代通用的旧式提水器具，它的使用大大减轻了古人灌溉时的劳动强度。

4. 铁犁

铁犁是传统的耕翻农具，开始出现于战国时期。

犁的始祖是耒耜，它的耕作效率较低。春秋战国时期，随着生产力的发展以及炼铁和铸造技术的提高，铁犁出现了，它是和牛耕配套使用的。

国学百科

科技制作

108

战国时期首先出现的是铁犁铧，又叫犁铲、犁镜，是安装在犁床前端的切土起垡用的零件，有舌形、V形、梯形等不同的外形，夹角也有大小之分，基本上呈等腰三角形。使用时用牲畜或人力牵引，每天耕地2亩～3

铁犁

亩。此时的铁犁铧虽可以松土划沟，但不能翻土起垡，作用尚有局限，然而"耒耜耕"的效率大大提高了。

秦国的商鞅变法，推行富国强兵的政策，为提高粮食产量不断扩大耕地面积，措施之一就是改进铁犁形制，推行全铁犁。其犁口锋利化，坚固耐用。到汉代，铁犁的结构与零件已经基本定型，具备了犁架、犁头和犁辕，用牛牵引；而且犁上还装有犁壁，不仅能挖土，而且能翻土、成垄，用力少而见功多。

犁壁对于犁的作用极大，它是犁在土层的翻土部件，可将犁挖起的土轻轻地翻到一边，使土堆成整齐的垄坎，更利于播种。犁壁与犁铧之间的配合很默契。由于铁犁有着不同的形状和角度，可将土翻成不同的形状。如果有良好的犁壁，就可以将土块垄得恰到好处，从而顺利地开出又细又深的沟。可以说犁壁的出现，大大提高了翻地质量，不仅使铁犁能松土、翻土、成垄、除草、灭虫，而且还可以改善土壤中气、水、肥的状况，更利于农作物的生长。

铁犁在17世纪传入荷兰以后，曾引发了欧洲历史上的农业革命，标志着人类社会发展进入一个新的阶段。铁犁的发明凝聚着中国劳动人民的心血，是他们智慧的体现，也为世界农业的发展做出了巨大的贡献。

5.耧车的妙用

耧车也叫"耧犁""耩（jiǎng）子"，是一种播种用的农具，为现代播种机的前身。它是中国农具史上了不起的发明之一。

楼车，是由种子楼箱和三脚楼管组成的。据东汉崔寔（shí）《政论》记载：楼犁是汉武帝时农学家赵过创制的。在使用时，它的三个犁脚同时能播种三行。播种时以人或牲畜拉动楼车，一人挽犁，摇动楼车，楼脚在平整好的土地上开沟播种，种子顺着楼脚撒入土中，同时进行覆盖和填压，可日种1顷。使用这种播种农具，能保证行距、株距始终如一，便于锄耘、收割，省时又省力，播种速度大大提高，是当时最先进的播种农具。楼车试用后，汉武帝曾经下令在全国推广这种先进的播种农具，对西汉农业的生产发展起了巨大的推动作用。

不要小看这种播种工具，它的制作非常精细。在楼车的后下端开一个小洞，安置一个插销，这样就可以调整洞口的开合与大小；然后在插销上系一根细绳，并在绳上拴一个绑着枝条能活动的小石头，枝条插在楼篓后的小洞里。每当人或牲口拉动楼车前进时，随着楼车的晃动，活动的小石头也会左右晃动，并将楼篓子里的种子拨动向下漏，这样就完成了播种。

为了进一步提高耕作效率，后人又在此基础上对楼车进行了不断改进。到元朝时，又出现了一种楼锄。它是从汉代的楼车直接改进来的，和楼车非常相似，只是没有楼斗而已。使用时用一牲畜拉着翻土，铁锄头翻土的深度可达二三寸深，耕作速度大大提高。楼车除了改进为楼锄之外，还被改进成了施肥的工具，成为下粪楼种。这种下粪楼种就是在原来播种用的楼车上再加上斗，斗中装有筛过的细粪，播种时细粪就可以随着种子一起漏下来，将粪覆盖在种子上，起到施肥的作用。这种下粪楼种农具的使用，使开沟、播种、施肥、覆土等作业一次性完成，大大提高

楼车

国学百科
科技制作
110

了耕种效率。

随着时代的发展，耧车已渐渐退出了田野，淡出了人们的视线。它的出现，大大促进了当时农业的发展，是中国人民的骄傲。同类的农具在英国直到1731年才出现，它的使用也被看作是欧洲农业革命的标志之一。

6. 风扇车

风扇车是一种能产生风或气流的机械，也叫扇车、扬车或"风车"。它发明于西汉，以人力为动力源，用于清除粮食中的糠、麸、秕（bǐ）、灰尘等杂质。

在中国历史上，人类用以生产气流的最早工具是扇子。后来西汉时，长安著名的发明家丁缓在此基础上发明了"七轮扇"。在一个轮轴上装有7个扇轮，转动轮轴则7个扇轮都旋转鼓风，主要用于夏天人们乘凉降温，这是中国最早的风扇。公元前2世纪，中国又发明了旋转式风扇车，其结构是在一个轮轴上安装若干扇叶，轮轴上亦装有曲柄连杆，由人力驱动，以脚踏连杆使轮轴转动，产生强气流。这种旋转式风扇车主要应用于农业上。将来自漏斗脱粒后的谷物，放在风道的末端，使之受到摇动风扇产生的气流冲击，把糠秕、碎稻秆和籽粒分开，饱满结实的谷粒抛向空中然后落到地上，而糠秕杂物则沿风道随风一起飘出风口被风吹走。西汉初期发明的风扇车，没有特设的风道，因此，风扇产生的风是向四面流动的，属于开放式风扇车。到了西汉晚期，劳动人民又发明出闭合式的风扇车。明末清初科学家宋应星写的《天工开物》一书详细描述了这种风扇

风扇车

车的结构。在装有轮轴、扇叶板和曲柄摇手的右边，是一个特制的圆形风腔，曲柄摇手的周围是圆形空洞，即进风口，左边有长方形风道。来自漏斗的稻谷通过斗阀穿过风道，饱满结实的谷粒落入出粮口，而糠、秕杂物则沿风道随风一起飘出风口。这种风扇车在今天的偏僻农村中还一直在使用。

不要小看这项技术，英国科技史学家李约瑟博士认为，中国使用扬谷扇车至少要比西方早十四个世纪。到18世纪初，这项技术传到欧洲，西方才有了扬谷扇车，比中国要晚2000多年。李约瑟博士还认为：无论怎样演变，中国旋转式风扇车的一个惊人特点是，进气口总是位于风腔中央，因而它是所有离心式压缩机的祖先。

7. 马钧的翻车

翻车，是一种刮板式连续提水的机械，又叫龙骨水车，是我国古代农业灌溉机械之一。它是三国时期的马钧改进的。

马钧出身于贫寒之家，从小就不善言谈；但他非常喜欢读书，爱动脑思考问题，勤于动手设计制作，尤其喜欢钻研机械制造方面的难题。马钧长大后，在魏国的都城洛阳城里做了一个小官。一天他在考察时发现，洛阳城内有一大块坡地，老百姓很想在那里种蔬菜和粮食；但因为那里的地势较高，无法引水浇地，因而这块地一直荒废着，马钧为此深感惋惜。之后他一直在琢磨，能用什么办法来解决该地的引水问题呢？他经过无数次的研究、试验，最终制造出一种新式翻车，又称龙骨水车。这样就可以把河里的水引到坡地里，老百姓想种菜种粮的难题终于解决了。该车的设计非常精巧，灌溉时可以连续不断地提水，把汲来的水自动流到地里。翻车里外转动，效率超过平常水车的100倍。更难得的是，这种翻车使用时轻快省力，连老人、儿童都能转得动。所以翻车问世后，深受百姓欢迎，在民间很快流传开来，并迅速得到推广和使用，从而提高了抗旱能力，大大促进了农业生产的发展。在人类发明水泵之前，翻车是世界上最先进的提水工具。

马钧制造的翻车，是对我国古代灌溉工具的重大革新。他是在前人创造的用来汲水洒路的翻车的基础上，不断加以改进完善的。这种翻车可以用脚踏、水转或风转来驱动。在制作翻车时，用龙骨叶板作链条，卧于矩形木板长槽中，木槽上下两端各有一个带齿木轴，车身斜置在河边或池塘边中。木槽中放置数十块与木槽宽度相称的刮水板，刮水板之间由铰关依次连接，首尾衔接成环状。下链轮和车身一部分浸入水中，驱动链轮，叶板就

脚踏翻车

会沿着木槽刮水上升，到达长槽的上端就会将水自下而上送出。如此连续循环运作，就可以把水输送到需要的地方。马钧制造的翻车通过链传动不仅可以连续不断地取水，大大提高了功效；而且还可以根据自己的需要随时转移取水点，翻车搬运也很方便。通过链传动做功的翻车，是我国农业灌溉机械的一项重大改进，它在今天也发挥着一定的作用。

8. 曲辕犁

曲辕犁是一种轻便的耕犁，为和之前的直辕犁区分，故名曲辕犁。它最早出现于唐代后期的太湖流域，因古时那里称江东，又称"江东犁"。它的出现是我国耕作农具成熟的标志。

在春秋战国以前，耒耜是主要的耕作工具。随着生产力的发展，从春秋战国开始，使用畜力牵引的耕犁才逐渐在一些地方普及使用。唐朝之前使用的直长犁都比较笨重，回转困难，耕地比较费力费时。

曲辕犁

唐朝时，劳动人民在长期的生产实践中终于发明了曲辕犁。

据晚唐著名文学家陆龟蒙的《耒耜经》记载，曲辕犁由11个部件组成，即犁铧、犁壁、犁底、犁镵（chán）、策额、犁箭、犁辕、犁梢、犁评、犁建和犁盘。曲辕犁和以前的耕犁相比，有三处重大改进。首先是将直辕、长辕改为曲辕、短辕。旧式犁长一般为今天的九尺左右，前及牛肩；曲辕犁长合今天的六尺左右，只及牛后。这样犁架就会变小，重量减轻，便于调头和回转，操作灵活，节省人力和畜力。另外由旧式的二牛抬杠变为一牛牵引，而且由于占地面积较小，这种犁特别适合在江南水田使用。其次是在犁上加装了犁评。由于犁评厚度逐级下降，推进犁评，使犁箭向下，犁镵入地较深；拉退犁评，使犁箭向上，犁镵入地变浅，可适应深浅耕作的不同需要。最后的改进在犁壁上。唐朝时曲辕犁的犁壁呈圆形，因此又称犁镜，可将翻起的土推到一旁，以减少前进的阻力，而且能翻覆土块，以断绝草根的生长。曲辕犁出现后，在各地逐渐推广，成为当时世界上最先进的耕具。

由此可见，唐代曲辕犁具有结构合理、使用轻便、回转灵活、节省劳动力、提高劳动效率等特点，它的出现标志着传统的中国犁已基本定型。除此之外，曲辕犁的设计不仅十分精巧，技术精湛，而且蕴含着一定的审美情趣。犁辕有着优美的曲线，犁铧有菱形的、V形的，呈现出一种对称美，给人以舒适、庄重之感。在造型上，曲辕犁上下之间构成的轻重关系，也给人以稳重的感觉。曲辕犁木材的颜色呈现的是冷色调，而且铁的颜色也是冷色调，整体视觉上达到了平衡严肃的感觉。所以，曲辕犁在满足使用功能的同时还具有良好的审美价值。

唐代曲辕犁的问世，标志着生产力发展到一定水平。它反映了中华民族的创造力，极大地推动了唐朝农业的发展，具有重要的历史意义、社会意义。

9. 筒车

筒车，又称"水转筒车"，是一种以水流作动力取水灌田的工具。

据史料考证，筒车是唐朝时创制出的新的灌溉工具，距今已有1000多年的历史。它随着水流自行转动，竹筒就会把水由低处汲到高处，非常便于灌溉。这种靠水力自转的古老筒车，在田间地头构成了一幅幅美丽的田园春色图，是我国古代劳动人民的杰出发明创造。

筒车是用竹子或木头制作而成的。先做一个大型立轮，用圆木制成滚筒将其架起，再在滚筒上安装几十根骨架，起支撑连接的作用。圆轮的周围斜装着许多中空、斜口的大竹筒或小木筒。把这个转轮安装在溪流上，让它下面的一部分浸入水中，受水流的冲击，轮子自行转动。随着水流的冲击，当轮子周围斜挂的小筒没入水中时就盛满溪水，随着轮子的旋转而上升，由于筒口上斜，筒内的水也不会流出来。当立轮旋转180度时，小筒就已经平躺在立轮的最高处了，进而筒口就会下倾，盛满的水随之就由高处泄入淌水槽，流入岸上的农田里。

筒车在做功时，竹筒或木筒就起到了叶轮的作用。它要承受水的冲力，并用获得的能量让筒车旋转起来。当竹筒或木筒旋转过一定角度时，原先浸在水里的竹筒灌满水后，随着轮子的旋转

筒车

将离开水面被提升起来。此时，由于竹筒的筒口比筒底的位置高，竹筒里会存放一些水。当竹筒越过筒车顶部后，筒口的位置就低于筒底，竹筒里的水就会倒进水槽里。当筒车旋转太慢，或者汲不起水时，就要在筒车上装一些木板或竹板，这样筒车就会从水中获得更多的动能，恢复正常的运转。也可以调整筒车的位置，将它浸入水中更深一些，这样竹筒出水时的位置就会与筒车轴线之间形成更大的角度，筒口与筒底的高度差增大，竹筒内存下更多的水，灌溉的效率就会大大增加。如此往复，利用水力运转的原理，让竹筒循环提水，流水自转导灌入田，不用人力就可以顺利完成。

筒车的发明，对于解决岸高水低、水流湍急地区的灌溉有着重大意义。这种自转不息、终夜有声的灌溉工具，大大节约了人力，使农田得到充分的浇灌。这种筒车，一昼夜可以灌溉百亩以上农田，大大提高了灌溉效率，促进了农业的大发展。

八　手工业之妙

1. 冰鉴

冰鉴是我国最原始的冰箱。战国时期出土的铜冰鉴，是迄今为止世界上发现最早的冰箱。

"鉴"就是个盒子。冰鉴是古代盛冰的一种容器。首先将冰块放入盒子里面，再将美味佳肴放在冰的中间，就可以起到防腐保鲜的作用，同时还可以散发出凉气。可见，冰鉴算得上是我国的冰箱之祖了，具有现代冰箱、空调的功能。

在古书《周礼·天官·凌人》中记载："祭祀供冰鉴。"这说明周代已经有了原始的冰箱，只不过那时的冰是弥足珍贵的。在《诗经》中就有关于奴隶们冬日凿冰储藏，夏季供贵族们饮用的记载。

冰鉴大多是用木头或青铜器制成的箱子，形状多为大口小底，

冰鉴

从外面看很像个斗形，里面由铅、锡做成，底部有泄水小孔，结构类似于木桶。冰鉴箱体两侧设有提环，顶上有两块盖板，上面留着两个孔，既是扣手，又是冷气散发口。为便于取放冰块和食物，在冰鉴底部还配有箱座，有四只动感很强、稳健有力的龙首兽身的怪兽支撑着冰鉴的全部重量。这四个龙头都向外伸着，兽身则以后肢蹬地作匍匐状。在这些龙的尾部还有小龙缠绕着，并有两朵五瓣的小花点缀在尾上，足以看出冰鉴的新颖、奇特、精美。

冰鉴不仅外形美观，而且设计十分精巧科学。顶上两块盖板中的一块固定在箱口上，另一块则是活板。每当酷暑来临时，就将活板取下，冰鉴内放入冰块，把将要使用的新鲜瓜果或酒肴置于冰上，方便随时取用。冰镇后的食物味道干爽清凉，用后暑气顿消，让人觉得十分惬意。由于锡的保护作用，冰融化后不至于侵蚀木质的箱体，反而能从底部的小孔中渗出，增加了箱体的使用寿命。冰鉴的核心是设计奇巧、铸造精工的鉴缶（fǒu）。鉴缶是由盛酒器尊缶与鉴构成的，方形的尊缶放置在方鉴的正中，方鉴上是带有镂孔花纹的盖，盖中间的方口正好套住了方尊缶的颈部。在鉴的底部还设有活动机关，又把尊缶牢牢地固定住。在设计时给鉴与尊缶之间留下了较大的空隙，主要是方便夏天盛放冰块、冬天盛放热水。

冰鉴不仅有双层的方形器皿，能冷热藏酒，功能兼备；而且铸造工艺精湛，极具艺术珍藏价值。它是我国古代劳动人民的发明创造，同时也向我们展示了古代生活丰富多彩的一面。

2. 墨斗

墨斗是木工弹线用的工具，因墨线顶头有个线坠儿，又叫"班手"，意思就是鲁班的手。

俗语说："木尺虽短，能量千丈。"用尺子在木头上怎么也划不出一条笔直的线来，这使鲁班在干木工活时非常伤脑筋，他整天冥思苦想，不得其解。传说有一天，他的母亲正在剪裁和缝制衣服。她用一个小粉末袋和一根线先印出所要裁的形状，再去裁剪。鲁班看了深受启发，茅塞顿开。他很快做了一个墨斗，然后通过一根用墨斗浸湿的线，捏住线的两端放到要制作的材料之上，就印出所需的线条了。起初，画线需要由鲁班和母亲握住线的两端才能完成。后来母亲建议他可以做一个小钩，系在此线的另一端，这样一个人就可以完

墨斗

成。为了纪念鲁班的母亲，至今仍称这种墨斗为"班母"。

墨斗，顾名思义就是先在墨池内注入墨水，然后浸泡棉线，常用于锯解前的下料放线，也可以用作测量垂直时的吊线。墨斗的这根墨线木匠们又叫它"宰杀检"，墨线弹到哪里，就得按照这条线下锯拉开木头，这是木匠必备的重要工具。

墨斗一般是用不易变形的硬质木材制成，多由木匠自己制作并使用。据说过去的木工学徒期满时，师傅不是让徒弟打一件成品的家具，而是必须要亲自设计一个造型美、结构合理、做工精致的墨斗，方能出师。因此墨斗装饰多样，各具特色，是一种极富有艺术审美性的木匠工具。墨斗是由墨仓、线轮、墨线（包括线锥）、墨签四部分组成的。它前半部分是斗槽，后半部分是线轮、摇把。丝棉线浸满墨汁后，装于斗槽内，线绳通过斗槽，一端绕在线轮上，另一端与定针相连。使用时，先把定针扎在木料的前端，然后将线绳拖到木料的后端，用左手拉紧压住，右手再把线绳提起来，松手回弹，就可以绷出墨线来了。墨签是用竹片做成的画笔，下端做成扫帚状；弹直线时用它压线，使墨线濡墨，这样在画短直线或记号时就能当笔来用了。

墨斗是中国传统木工行业中极为常见的工具，主要用于木材表面画线定位，距今已有2000多年的历史。墨斗虽小，但也充分体现了我们先民的智慧。

3. 古代的提花机

你知道吗？在高科技迅速发展的今天，还有一种与数百年前一模一样的织机仍在使用着，那就是提花机。

提花机又称花楼，是一种提花设备，能在织物上织出精美的花纹，是我国古代织造技术最高成就的代表之一。早在商朝我国就有了手工提花机，战国时期又出现了比较复杂的动物花纹提花技术，技艺已经非常高超。但此时的提花机由于张力有限，提花综杆的数量受到了明显的限制，所以织物的纬向花纹循环无法扩大，纹样图案的织造因而具有很大的局限性。而能织出宛如天上云霞的"云锦"则是到了东汉时期。提花机由1924个机件构成，代表了我国古代织造技术的较高成就。

提花工艺技术源于原始的腰机挑花，通常采用一蹑（脚踏板控制）一综（吊起经线的装置），织出简单的花纹。而要织出复杂精美的花纹，就要增加综框的数量。两片综框只能织出平纹组织，三到四片综框就能织出斜纹组织，五片以上的综框才能织出缎纹组织。要织出复杂、花形漂亮且较大的花朵来，就必须把经纱分成更多的组，于是多综多组脚踏板的提花机就逐渐形成了。据《西京杂记》记载：汉宣帝时，河北巨鹿人陈宝光的妻子曾用120个脚踏板牵动120条经线的提花机，织出了精美的蒲桃锦和散花绫，60天织成了一匹，价值万钱。

汉代虽然使用了提花机，并且染色技术也有了很大提高，能织出万紫千红、色彩美丽的云锦来，但使用那么多的综通过人力带动脚踏板来工作还是十分烦琐的。因此三国时马均把六十综蹑改为十二

提花机

综蹑，并采用束综提花的方法，这样既方便了操作，又大大提高了工作效率。

丝绸之路开通后，提花机也随之传入西方，极大地推动了世界纺织技术的进步，尤其是英国工业革命的发展。不仅如此，现代电子计算机发展中程序控制与存储技术的发明，也深受提花机工作原理的启发。

当今为满足时装和戏服高档面料的需求，云锦木机妆花手工织造技艺仍在使用。由两名织工共同操作，一个人提拽文样花本，另一个人则盘梭妆彩织造，从而织出花纹美丽无比的云锦来。这项技术被列入首批国家级非物质文化遗产名录。

4. 水排的发明

一提到水排，很多人都有一个误区，认为它是一种灌溉用的工具。那么它到底是做什么用的呢？下面就一起来探寻答案吧。

早在西汉时期的南阳（即今河南南阳），汉水的一个支流白河从该地流经。因此，这里的水资源比较丰富，土地大多是由河泥淤积而成的平原，比较肥沃；再加上这里气候温和，降雨量适中，农业发达，还兴修了许多水利工程，这就迫使农民不断改进农具。要制造出先进的农具，就必须有较高的冶铸技术。当时人们在铸造农具时，基本上是用人力或马力拉动风箱冶铸，耗时费力。到东汉初年，为了提高冶铸业的效率，南阳太守杜诗经过多方实际考察，反复潜心研究，最终发明了一种利用水力拉动风箱的工具，这就是后来的水排。水排不但节省了人力、畜力，而且鼓风能力更强，比以前用马力来鼓风的效率提高了3倍，因此促进了冶铸业的发展，得到百姓的广泛赞誉。这是东汉时期冶铁技术的重大创新。

杜诗创制的水排，当时缺乏史料的具体记载。后来直到元代农学家王祯在他的著作《农书》中，才对水排做了详细的记述：先在湍急的河流岸边，架起木架，然后在木架上再直立起一个转轴，在转轴的上下两端各安装一个大型卧轮。用水激转下轮，那么上轮就会用绳

冶铁水排模型

套带动另一个小轮。在鼓形小轮的顶端安装一个曲柄，曲柄上再安装一个可以摆动的连杆，连杆的另一端与卧轴上的一个"攀耳"相连，卧轴上的另一个攀耳和盘扇间安装一根相当于往复杆的"直木"。这样，当水流冲击下卧轮时，就会带动上卧轮旋转。由一个连杆和另一个曲柄传到一个卧轴，经攀耳及排前直木的往复运动，使排扇一启一闭，将风鼓进炼炉。汉代水排比较简单，排橐（tuó）是当时的冶铸鼓风器，外部用皮革制成，内部用木环作骨架，体上用吊杆挂起，以便推压鼓风。简单讲水排的工作原理就是，在一横轴的顶端，做一竖轮，然后在横轴中间置一拨子，水激竖轮转动横轴，使木拨子推动连杆和一个曲柄及橐前的从动杆，使皮橐推压鼓风。

南阳太守杜诗发明的水排，是以水力来传动机械，使皮制的鼓风囊连续开合，将空气送入冶铁炉，用这种方法来铸造农具，真的是用力少而见效快。除此之外，他还主持广开田池，使郡内很快富庶起来，他因此有"杜母"之称。

水排的利用，是中国领先世界的一项伟大发明，比欧洲早了1000多年。

5. 流光溢彩的唐代陶瓷业

唐代陶瓷器可谓是流光溢彩，水平高超。它的制作已蜕变到成熟的境界，从而跨入真正的瓷器时代。因为瓷器的制造此时与陶器制造

完全分离，成为一个独立的
手工业生产部门。

　　瓷器的质地在于白、坚
硬或半透明，最关键的是火
烧的温度。到了唐代，不但
釉药发展成熟，而且火烧温
度也能达到1000度以上。越
窑与邢窑是唐代的名窑。

　　唐代经济的繁荣和科技

唐三彩

的发展，推动了制瓷业的进步。唐代的瓷器无论从品种、造型，还是
精细程度上都远远超越了前代。尤其是河北邢窑烧制的白瓷、浙江
越窑烧制的青瓷，代表了当时瓷器的最高水平。杜甫在咏白瓷时说：
"大邑烧瓷轻且坚，扣如哀玉锦城传。君家白碗胜霜雪，急送茅斋也
可怜。"可见邢窑的白瓷是"白如雪"，细白瓷胎坚实、致密，釉色
细润洁白，所以邢窑的白瓷有"类雪""类银"的美誉。而越窑的青瓷
由于瓷土细腻，胎质精薄，瓷化程度较高，所以釉色晶莹润泽，洁白
而透明。正如陆龟蒙的诗云："九秋风露越窑开，夺得千峰翠色来。"
也就是说，青瓷的釉色晶莹如九秋的露水，色泽如千峰滴翠。

　　唐代的陶瓷业有"南青"与"北白"之说；除此之外，唐代还出
现了一种"釉下彩瓷"，它属于铅釉陶器。它先用白色黏土制成陶
胎，然后放在窑内素烧。陶胚烧成后再上釉进行釉烧，彩釉多是白、
黄、绿、褐、蓝等色。因为彩釉主要是硅酸铅，用铅和石英配制而
成，透明无色。制作时先在白地的陶胎上刷上一层无色釉，然后再
用多种金属氧化物作为呈色剂，进行釉烧。如用氧化铜可烧成绿色，
氧化铁烧成黄褐色，氧化钴烧成蓝色。在烧制过程中并用铅作釉的熔
剂，由于铅釉具有高温流动的性质，铅在烧制过程中就会往下流淌，
成黄、绿、天蓝、褐红、茄紫等各种色调，呈现出从浓到淡的层次，
斑斓绚丽，花纹流畅，颇能显示盛唐风采，这就是闻名于世的唐三
彩。"三彩"是多彩的意思，并不专指三种颜色。唐三彩造型美观，釉

色绚丽，成为世界工艺的珍品。

唐代的陶瓷以釉色晶莹滋润、色泽艳丽、造型独特、富有生活气息而著称。

6. 中国最早的纸币——交子

交子是世界上最早的纸币，它出现于北宋前期的四川地区。

北宋以前，历朝历代流通的都是质地较硬的货币，从贝壳、铁钱、铜钱到白银。北宋初期，四川地区专用的还是铁钱。铁钱非常沉重，每贯重约12斤，出门买东西，要带上三五贯钱，携带非常不便，让人苦不堪言。在四川地区要买一匹上等的丝绸，大概要付130斤的铁钱，一个人是拿不动的，必须要用车拉或马驮，这样的交易非常不方便。

在北宋时期，随着商品经济的繁荣，交易的频繁，为了解决携带方便的问题，宋真宗景德年间，今成都地区16家富商联合起来，发行了世界上第一批纸币——交子。这些交子，用同样的纸来印刷，上面绘有房屋、人物、铺户押字等，各自隐秘题号，作为交易的凭证。

北宋纸币铜版拓片

交子的面值，要在具体使用时临时填写，持有者可到"交子铺"交纳现钱，交子铺如数在交子上填写贯数，然后交给持有者。以后，交子的持有者可以到任何一个有联系的交子铺，将交子兑成现钱。不过在兑现时每贯要多交30文钱，作为手续费。交子的流通，免除了人们很多不必要的麻烦，便利了商品的交换，大大促进了商品经济的发展。

交子最初是由16户富商发

行的，但在使用交易的过程中，屡次发生纸币造假事件，使他们陷入经济拮据状态，从而难以维持信用。后来，交子的发行权就交归了政府。天圣元年（1023年），北宋官府在成都成立了"益州交子务"，将交子改为官营，从此纸币就成了法定的货币。两宋时期还设有负责发行纸币的专门机构。

官营的交子，票面很统一，并规定从一贯到十贯都有固定的面值，还绘有不同的图案。政府规定，每三年发行一期交子，每期的款额为125.63万贯，并以36万贯铁钱为后备钱。这就解决了富商时期无法兑现或伪造的问题。交子三年期满后，政府发行的新交子，必须要拿原来的旧交子去兑换，每贯还要缴纳纸墨费30文。如果期满没有去兑换交子，旧交子就成为一文不值的废纸。由此可见，交子的出现还成了政府应对财政支出、聚敛财富的一种手段。

交子的出现，不仅大大促进了商业的发展，而且弥补了商业往来中现钱不足的缺憾，是我国也是世界货币史上的一大进步。交子的出现要比西方国家发行的纸币早了六七百年。它不仅在我国的印刷史、版画史上具有重要意义，而且在世界货币史上占有重要地位。

7. 棉纺织机的问世

在松江、上海地区至今还流传着这样一首民谣："黄婆婆，黄婆婆，教我纱，教我布，两只筒子两匹布。"你知道这是怎么一回事吗？

据考证，中国的纺织生产大约在旧石器时代晚期就已出现，距今约30 000年的山顶洞人已学会利用骨针来缝制皮毛衣服，这可以说是原始纺织的发轫。相传纺织技术的诞生是在新石器文化时期。黄帝的妻子嫘祖曾组织一批女子在山上育桑养蚕织丝，为解决抽丝和织帛的困难，嫘祖发明了缠丝的纺轮和织丝的织机。

真正的棉纺织机却是在元朝时由黄道婆发明的。黄道婆出身贫苦，十二三岁就被卖给人家当童养媳，不仅成年累月要五更起、半夜睡，侍候全家人的吃喝穿；而且要遭受公婆、丈夫的非人虐待。那时闽广地区的棉花种植技术传入她的家乡，因此棉花纺织技术也开始出现。她虽然吃不饱、穿不暖，但痴迷于棉纺织技术。每天家人睡后，她便在月光下苦练纺织技术。

由于她的勤学苦练，没多久，她便熟练地掌握了全部操作工序：剥棉籽、弹棉絮、卷棉条、纺棉纱。只有当她沉浸在棉纺劳动中时，才能找到一种难以形容的乐趣。在纺棉、织布的过程中，有一些问题一直困扰着好动脑思考的黄道婆，而周围的人又不能帮她解决问题。有没有什么新办法来提高工效呢？她听说海南岛的纺织技术非常先进，有一天，她趁家人不备，躲在了一条停泊在黄浦江边的海船上，后来就随船到了海南岛南端的崖州。

海南岛黎族的棉纺织技术比较先进，淳朴热情的黎族同胞十分同情黄道婆的不幸遭遇，不仅接受了她，而且毫无保留地把她们的纺织技术传授给她。黄道婆聪明勤奋，一直虚心地向黎族同胞学习纺织技术。功夫不负有心人，最终黄道婆把黎汉两族人民精湛的纺织技术融合在一起，纺织技术在当地大受赞赏，逐渐成为一名盛名远扬的纺织能手。黄道婆在和黎族人民不断切磋技艺的过程中，还和黎族人民结下了深厚的情谊，亲如一家人。黄道婆在美丽的黎族地区一待就是30年的时间。每逢佳节倍思亲，黄道婆在1295年，终于回到了自己思念

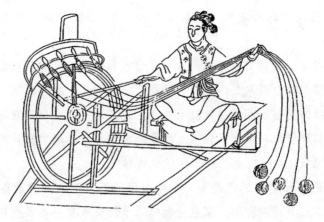

三锭脚踏纺纱车

已久的故乡乌泥泾（今属上海）。

　　黄道婆重返故乡时，当地的纺织技术仍然很落后。她回来后，决心致力于改革家乡落后的棉纺织生产工具。经过长时间的精心刻苦研制，元贞年间，黄道婆终于制成了一套扦、弹、纺、织的工具：去籽搅车，弹棉椎弓，三锭脚踏纺纱车。她毫无保留地把自己精湛的织造技术传授给家乡的人民，使当地的纺纱效率大大提高。在织造方面，黄道婆创制出一套比较先进的"错纱、配色、综线、絜花"等织造技术，织出了有名的乌泥泾被，其上有各种美丽的图案，鲜艳如画。黄道婆还很热心地向人们传授织布技术，大大推动了松江一带棉纺织技术和棉纺织业的发展。当地的农民采用黄道婆传授的新技术织布，一天可织上万匹。很快，松江地区一带就成为全国的棉织业中心，而且几百年经久不衰。18、19世纪时，当时有"衣被天下"之称的松江布更是远销欧美，获得了很高声誉。正是由于元代女纺织家黄道婆的伟大贡献，从此，松江地区人民的生活才得到了很大的改善。

8. 鱼洗盆的绝妙

　　鱼洗，在先秦时期就已经出现了，是古代汉族盥洗的一种用具，用金属制造，形状就像现在的脸盆一样。在盆底上装饰有鱼纹，称为"鱼洗"；装饰有龙纹的，故称"龙洗"。它的大小如今天的一个洗脸盆，只不过在盆沿的左右两边各有一个把环，称为双耳；盆底是扁平的，并绘有四条鲤鱼，鱼与鱼之间刻有清晰的《易经》河图抛物线。绝妙的是，只要往鱼洗盆内加注入一定量清水，然后用潮湿的双手缓慢地、有节奏地来回轻摩盆边双耳，鱼洗周壁就会产生对称振动，鱼洗盆里的水也会发生相应的谐和振动，随之马上碧波荡漾起来。如果摩擦恰到好处，还会产生两个振源，振波通过水的传播，互相干涉，使能量成倍增加，盆内刹那间就会波浪翻滚，伴随着鱼洗发出的嗡鸣声，从四条鱼嘴中还会喷涌出四股二尺多高水珠飞溅的喷泉。这就是物理学上的共振原理。我国汉代的鱼洗盆，还把鱼嘴设计在水柱喷涌处，这说明我国古代已经掌握了振动与波动的知识，也反

鱼洗盆

映了我国古代科技已达到了高超的水平。传说古代时曾把鱼洗盆作为退兵之器，因为共振波能发出音响，众多鱼洗盆一起就汇成了排山倒海之势，加上战马的嘶鸣声，会令数十里之外的敌兵闻声退步，不战而溃。

针对中国古代鱼洗盆的绝妙之处，美国、日本的物理学家，曾用各种现代化的科学仪器反复检测查看数据，试图找出传感、推动及喷射发音的构造原理，皆是"望盆兴叹"。美国在1986年时，曾仿造了一个青铜喷水震盆，从外形看虽然酷似中国古代的鱼洗盆，功效却是相差甚远。它不仅不会喷水，而且发音功能也很呆板。

可见中国古代科技的神秘，博大精深，水平之高，它凝结着中国古人无穷的慧智灵光。我们为身为中国人而自豪，让我们为中国古代科技而喝彩。

九　军事之强

1. 连环翻板

历代帝王将相，生前都过着奢侈豪华的生活；他们死后也不愿放弃，会把那些价值连城的珍宝一起带入自己的陵墓。但高贵的墓主们也都很清楚，那些陪伴他们长眠的宝石珍奇，从入土之日起就注定会吸引盗贼。所以，他们为了保障死后的安宁，防止自己的墓被盗墓贼侵扰，会绞尽脑汁把自己的陵墓设计修建得像保险箱一样。秦代之后出现的连环翻板，就是一种陵墓机关暗器。

连环翻板，就是在墓主的墓道中挖掘一道深3米以上的陷坑，长短与宽度要根据墓道的具体情况而设定，坑下布满了大约10厘米长的刀锥利器。在坑的上层平铺着数块木板，木板中间安装上轴，下面再缀上一个小型的相同重量的物体，让它呈天平秤状，板的上面还有掩盖物。盗墓贼一旦踏上木板，木板的一端随之就会翻转，人就会失去平衡，必定掉进早已铺满刀锥的墓葬坑内，很难存活下来。

当盗墓者落入坑后，由于木板两端各缀有相同重量的物体，那么木板很快又处于平衡状态，复归原状，并在此静静等待下一个来犯者。如此循环往复，盗墓者也只能纷纷赴坑送命了。

民国年间，山东青州云门山一带的农民在垦田

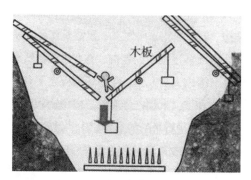

连环翻板

时，就发现了一个带有连环翻板的被盗的大墓，在墓坑中发现了两具骨架，他们身旁还有铁锹、锤子、绳索等工具，这显然是盗墓者失手的写照。

连环翻板看似简单，但其中蕴含着物理学上的机械原理。后来古人把它用于中国古代的军事上，最典型的体现就是城池防御战术。使用这种战术，能巧妙地控制事物，并达到神奇的效果。由此可见，连环翻板也是古人对世界军事的一大贡献。

2. 火箭的发明

每当逢年过节，小朋友们最喜欢玩的焰火就是"二踢脚"（俗称"窜天猴"）。点燃导线后，"二踢脚"就会直冲云霄，在空中发出震耳欲聋的声响。谁又能想到，这种被称为"二踢脚"的焰火就是火箭的始祖呢？

火箭是以热气流高速向后喷出，利用它产生的反作用力向前推动的喷气装置。火箭最早出现在中国，是中国古代的重大发明之一。

古代炼丹家在炼制丹药的过程中，发明了火药。火药发明后，随着它的应用，为火箭的发明创造了条件。

唐朝末年，火药开始用于军事上，威力不是太大。随着火药配方和制造技术的进步，北宋初期，研制成功了固体火药，并把它用于制造武器和焰火烟花。当人们手持这些火药武器、烟花燃放时，会感到火药燃烧会向后产生很强的喷力。在这个原理的启示下，北宋后期，有人发明了一种可升空的火药玩具——"流星"，也就是后人所说的"起火"。这种火药玩具可以说是真正意义上利用反作用原理的火箭，也是世界上最早用于观赏的火箭。南宋时期，人们就按照这种原理制成了军用火箭。这种火箭具有相当强的杀伤力，所以在战争中也开始频繁地使用起来。到了明代初期，军用火箭已经相当完善，被称为"军中利器"。

中国最古老的火箭是带有炸药的圆筒火箭，由箭头、箭杆、箭羽和火药筒四大部分组成。火药筒的外壳是用竹筒或硬纸筒制成的，里面可填充火药。筒的上端封闭，下端开口，是排气孔，从筒侧的小孔里可以引出导火线。点燃引线后，火药在筒中燃烧，便会产生大量的热气，从排气孔排出，高速向后喷射，由此产生向前的推力，这样就能将火箭发送得很远。其实这就是现代火箭的雏形。火药筒相当于现代火箭的推进系统。锋芒毕露的箭头具有穿透的杀伤力，相当于现代火箭的战斗机。在尾部安装的箭羽在飞行中能起稳定作用，相当于现代火箭的稳定系统。箭杆相当于现代火箭的箭体结构。

火箭

在这里还有一个值得一提的万户飞天的故事。万户是明代的一个官员，为了实现自己的飞天梦想，采用了军用火箭的发射原理，设计了会飞的"飞龙"火箭。万户认为万事俱备了，有一天，他穿戴一新，兴高采烈地坐到绑了47支火箭的椅子上。为保持身体平衡，他两只手里分别拿了一只大风筝。然后工匠们一起点燃了47支火箭，只见"飞龙"拔地而起。万户希望能利用火箭的推力飞上天空，然后再利用风筝平稳着陆，但结果是箭毁人亡。他描绘的蓝图虽然很丰满，但现实很残酷。这充分说明了古人早就有飞上蓝天的美好愿望。据史学家考证，万户是"世界上第一个想利用火箭飞行的人"，他用自己的生命为人类向未知世界的探索做出了重要的贡献。为了表达对他为科学探索献身精神的敬仰，在1959年，国际天文学联合会还以他的名字命名了月球背面的一座环形山。

13世纪，火箭由阿拉伯传到欧洲后，一直被当作武器来使用，成为欧洲资产阶级战胜封建阶级的有力武器。第一次世界大战后，随着科学技术的不断进步，火箭武器得到迅速发展，并在第二次世界大战中发挥了巨大威力。

古代火箭是由中国人发明的，但由于长期的封建统治，统治者不重视对科学的发展创新，最终火箭只停留在礼花爆竹中，终止了它发展成为现代火箭技术的进程。虽然欧洲落后于中国几百年才学会了使用火箭技术，但现代火箭技术最终还是在欧洲发展起来了。这不得不说是中国历史的缺憾，也是值得每一个中国人深思的问题。

3. 世界上最早的原始步枪——突火枪

步枪的发源地在中国，而突火枪又是它的鼻祖。

唐初，杰出的医学家孙思邈在他的著作《丹经》里记载了用硫黄、硝石和木炭混合炼丹的方法。起初，硫黄、硝石都是用来治病的，但后来人们发现，这两种药和木炭放在一起就能着火，因此称之为"火药"。唐末，火药被用于军事，它的重要性马上凸显出来。正是由于火药的发明才促成了火枪的诞生，为冷兵器发展到热兵器创造了重要条件。大约在宋理宗开庆元年（1259年），中国最早的原始步枪——突火枪问世了。

突火枪是一种管状火器，前段是一根巨大的粗竹筒作为枪身，中段膨胀的部分装填火药子窠（kē），就是子弹；后段是手持的木棍，在外壁上还有一个点火的小孔。在发射时，立木棍于地上，左手扶住竹筒，右手点火。点燃引线后，竹管中的火药喷发，然后将"子窠"射出，并伴随着如炮一样的声音，射程可达100多步，大约200米。突火枪不仅是兵器史上的一大创举，是世界上第一种发射子弹的步枪，而且也是世界上最早的管形火器。它的发明大大提高了火箭发射的准确率。

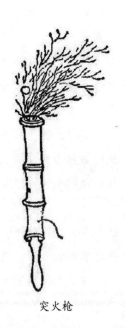

突火枪

突火枪既有枪筒，又有子窠，所以它具备了枪的雏形。但这时的"枪筒"是由竹筒或木头制成的，用几次之后，就会因为火药爆炸时的高温灼烧裂开；更甚者，射击的时候还会因为筒内压力过高而炸膛。此外，这种突火枪在射击时，方式很僵硬，根本无法做到最基本的瞄准。再加上火药的原料配比问题，推力相当有限，致使威力大大减弱。于是，金属管形火器的出现已成为必然。在元代初年，就出现了用铜或铁制成的大型管形火器，统称为"火铳"。

从南宋开始至元朝，类似突火枪之类的火器被广泛应用于军事。后来随着成吉思汗的西征，这类火器传入了中东地区，从而使阿拉伯人掌握了火药武器的制造和使用方法，并用于战争。之后欧洲人在与阿拉伯人长期的战争中，也逐步掌握了制造火药和火药兵器的技术。

突火枪的发明，极大地影响和改变了中国乃至世界战争的形势，使战争变得更加惨烈。

4. 地雷

地雷是一种埋入泥土里或埋设于地面的爆炸性防御火器。它出现于宋代。

地雷在我国有800多年的历史。1130年，金军和南宋军队在陕州大战，南宋军队首次使用了埋设于地面的"火药炮"，结果把金军炸得人仰马翻，伤亡无数，最终取得重大胜利。

到了明代初年，又发明了采用机械发火装置的地雷，可以说这是真正意义上的地雷。在明代兵书《武备志》中就详细记载了10多种地雷的形制及特性，还绘有地雷的构造图。古代的地雷大多是用石头打制成的，呈圆形或方形，中间凿一个深孔，先装满火药，然后杵实，中间留有一个小空隙，插入一根细竹筒或是苇管，从里面牵出引信，然后再用纸浆泥密封药口，这样地雷就做成了。其构造简单，取材方便，造价低廉，但威力巨大。进行战斗时，可预先埋在敌人必经之地，当敌人靠近时，通过点燃引信，引爆地雷，利用它的威力来杀伤敌人。因为是石制的地雷，贮药量较少，因而爆炸力也较弱。后来在使用中不断创新，尤其是发火装置得到不断改进，大大提高了地

地雷

雷的有效杀伤范围。史书记载，1580年，明代抗倭名将戚继光驻守蓟州时，曾发明使用了一种外壳用生铁制成的"钢轮发火"的地雷。其制法是在空心壳内放药杵实，插入一个小竹筒，穿火线于内，外用长线穿在火槽上，药槽接连在钢轮上，然后埋在敌人必经之地达数十里的土坑中。当来犯之敌踏动机索时，钢轮转动与火石急剧摩擦发火，从而引爆地雷，使得铁块炸飞，火焰冲天。钢轮发火装置的使用，大大提高了地雷发火的准确性和可靠性。这种地雷是最早的压发地雷，与今天"连环雷"的爆炸原理相似。从此地雷广泛用于战争。而欧洲在15世纪才出现了地雷。

1840年鸦片战争后，随着外敌的大规模入侵，中国的有志之士又开始积极研制各种形制的地雷，主要是拉发雷、绊雷和跳雷等，其杀伤范围可达方圆几十丈，威力极大。

19世纪中叶以后，伴随着各种烈性炸药和引爆技术的问世，地雷的设置也向着制式化和多样化发展，在此基础上诞生了现代地雷。后来在抗日战争中，我国还独创了著名的地雷战，为取得抗日战争的最后胜利奠定了基础。

5. 神火飞鸦

神火飞鸦是现代火箭的鼻祖，诞生于16世纪末的明代。

明代史书上详细记载了神火飞鸦的形制：用细竹篾、细芦苇、棉纸编成乌鸦形的外壳，腹内填充满火药，腹下斜钉四支火箭，鸦身两侧各装两支"起火"，"起火"的药筒底部和鸦身内的火药用药线相连，所以叫"神火飞鸦"。

在使用神火飞鸦时，先点燃火箭的火药线，火药在爆炸时就会

利用"起火"的推力与火箭的反冲
力，将飞鸦腾空送出，可射百丈之
远的敌阵。当飞鸦落下击中目标
时，装在"乌鸦"背上与起火线相
连的火药线也跟着燃烧起来，就会
引起"乌鸦"内部的火药爆炸，霎
时烈火冲天，火花四溅。它可称得
上是战场上的军中利器。

神火飞鸦

　　神火飞鸦发明后，还被用于攻
城上。明代的宋应昌在他的《经略复国要编》中对神火飞鸦的攻城
战法做了详细的记述。但由于神火飞鸦所携带的炸药量不足，对修
筑牢固的城墙难以造成威胁，于是人们又发明了攻城的强力高射喷
筒武器"毒龙喷火神筒"。这种神筒的竹筒大约3尺长，里面装的是
毒火药。因为使用时要先把它悬挂在一个高竿上，为避免敌人发现
目标，进行反攻击，此种武器一般是在晚上发射的。晚上趁夜深人
静，人们熟睡之际，开始发动攻城战，先让毒龙喷火神筒对准敌城
的墙垛口，然后顺风燃放。当喷发出的毒火药在敌人城中爆炸时，
散发出的毒气很快就会导致守城敌人中毒昏迷，从而失去防守能
力。再将明火飞箭射入城内，以烧毁他们的房屋财产等，并用火炮
轰击。

　　明代经济繁荣，海外贸易活跃，科技进步，政府重视，这些新的
进步因素为明代兵器、火药的发展奠定了坚实的基础。所以明代是中
国火器发展史上的黄金时代。

6. 水雷

　　中国古代科技遥遥领先于世界，而明代在军事技术方面对中国乃
至世界的贡献是令世人瞩目的。

　　元末明初，由日本的武士、商人和海盗组成的"倭寇"经常骚扰
我国的东南沿海，严重危及了百姓的生命财产安全。为此，政府一直

致力于东南海防，注重新式武器的研制，于是这一时期，一些先进的水上武器出现了。

1549年制造的"水底雷"，称得上是世界上第一枚水雷。发射时由人工操纵，射程远，威力巨大。这比西方制造和使用的水雷早了200多年。

据史料记载，在万历年间抗击日本海军的战斗中，明朝海军就使用了"水底雷"，一举击沉了一艘日军的大型战舰，这是人类历史上第一次使用水雷取得的辉煌战绩。

1590年制造的"水底龙王炮"，是世界上第一颗定时爆炸式水雷。此种水雷是用牛脬做雷壳，里面装的是黑火药。使用时用香点火作引信，然后再根据香的燃烧时间来定时引爆水雷。此种水雷威力巨大，给倭寇以沉重打击。

为抗击倭寇，在1637年，又发明了世界上第一颗触发式水雷——"混江龙"。该雷是通过与舰船直接接触而进行引爆的，在海上威慑一方，大大加强了海防。

在16和17世纪，各种类型的水雷已经成为明朝海军的重要武器。

除此之外，明代还发明了一种能用于水战的两级火箭——"火龙出水"。"火龙"的龙身由约1.6米长的薄竹筒制成，在前边安装了一

水雷

个木制的龙头，后边还装上了一个木制的龙尾。龙体内能装下数枚火箭，龙头下有一个孔，可引出引线。在龙身下面，前后共装有4个火箭筒。前后两组的火箭引线扭结在一起，和前面从龙头引出的引线相连。使用时，先点燃龙身下面的4个火药筒，推动火龙向前飞行。火药筒燃烧完后，再引燃龙身内部的神机火箭，这样从龙嘴发射出的火箭可直接攻击对方的舰艇，威力无比，杀伤力巨大。这种火箭的发射充分应用了物理学上的并联、串联的原理，即四个火药筒的并联、两级火箭接力的串联。可以说，这是世界军事史上第一种能从战舰上发射大型远程火箭的威力武器，被认为是"反舰导弹鼻祖"。明代海军也由此成为世界上第一支拥有先进装备和使用反舰火箭的海军。

明代先进武器的发明和使用，凝结了中国古代劳动人民的智慧，永远载入了世界战争史的史册，这是中国人民为世界军事事业的发展做出的伟大贡献。

7. 康熙时的"神威无敌大将军"

这里所说的"神威无敌大将军"不是一位武将，而是清代康熙时的一门大铜炮。

为什么把大炮称为"将军"呢？这还得从明代的开国皇帝朱元璋说起。火药发明后，唐代末年开始用于军事上。宋元时期虽然有了突火枪、火箭、火炮等武器，但杀伤力都不够巨大。有一次，作为农民起义军领袖的朱元璋，在作战中缴获了几门火龙炮，威慑杀伤力都很大。朱元璋如获至宝，在后来的几次战役中都依仗着它们打了胜仗。于是，他下令把火炮中杀伤威力最大的封为"大将军"。从此，火炮就有了大将军的正式封号。

神威无敌大将军是在康熙十五年（1676年），在北京铸造的铜炮，名号也是康熙帝钦定的，并把它铸在炮身上。这门铜炮重1000多千克，长248厘米，炮口外径27.5厘米，炮口内径11厘米，炮身呈筒形，前细后粗，上面有五道箍。炮身中部还有双耳，炮尾呈球形，可

九 军事之强

137

神威无敌大将军铜炮

装入火药2千克，铁弹重2.7千克。

1685年至1686年，清军为抗击沙俄的入侵，在进行雅克萨自卫反击战时，曾用它来杀敌。使用时先从炮口塞进火药和炮弹，然后从炮身后部点燃引线，引发火药爆炸，将炮弹射出。炮弹是实心铁球，重2.5千克左右。由于是从炮口装填火药、炮弹，所以又称为前膛炮。

康熙年间，由于外敌的入侵，铸炮数量、种类越来越多。皇帝出于喜爱，也经常根据各种炮的威力赐予"将军"的封号，如神威无敌大将军炮就是其中之一。在每次出征的前一天，士兵都要把大炮推到军帐前，陈列供物，将士们要一起揖拜，献酒于大炮，祈求上天保佑此次出征能大获全胜。每当战斗结束大获全胜时，全军将士还要为使用过的大炮披戴红绸，行叩拜礼迎接大炮的胜利归来，然后再上奏请皇帝赐封其"将军"的封号；如果打了败仗，大炮也要受到杖责的惩罚，以告诫失败的耻辱。

清初时，大炮在每次对外战斗中都发挥了重大作用，因此顺治帝、康熙帝都非常赏识它。但此后终止了火炮的研制开发。尤其是到了1840年前夕，清军所用的火炮仍是200多年前的老式炮，结果西方列强用自己的坚船利炮打开了中国的大门，对中国发动了鸦片战争。

8. 中国最早的"特混舰队"

所谓的特混舰队，就是为了完成某个任务将航母、战列舰、巡洋舰、驱逐舰、护卫舰、补给舰等变成一个舰队去执行任务，大多数情况下特混舰队规模不大，一般不超过40艘。

如果要说中国最早的特混舰队，那么明朝时郑和下西洋的庞大